# 大発見の舞台裏で！

## ペロブスカイト太陽電池誕生秘話

宮坂 力
Miyasaka Tsutomu
桐蔭横浜大学特任教授

# はじめに

## 1

ペロブスカイト太陽電池は、日本の研究者が開発した日本発の太陽電池です。

電気を発生する材料となるペロブスカイトは1000分の1ミリ（1マイクロメートル）よりも薄い膜《まく》です。これをプラスチックフィルムの電極基板に被覆すると、厚さが8分の1ミリぐらいしかない、しなやかな曲げられる太陽電池が出来上がります。

イメージとしては印刷のインクでしょうか。この本もそうですが、紙に印刷したとき、インクの厚さなんて1000分の1ミリぐらいで、あとは紙です。それと同じことで、ペロブスカイト太陽電池の外観のほとんどは基板で、それに載っているペロブスカイトの発電膜はインクと同じような薄さということです。

一方、太陽光発電を半世紀以上もリードしてきたのがシリコン太陽電池。一般的に太陽電池と聞いてイメージするあのパネルです。ここで使われるシリコン結晶《けっしょう》のウエハ（円形の板）は紙の厚さ以上もあります。

そして、ペロブスカイト薄膜《はくまく》を使った発電の効率は、シリコン太陽電池の最高値（26％）と肩を並べる高さなのです。フィルムのような軽いボディによって発電する電力量は、太陽電池の中でも最大です。

つくり方も簡単。基本的には印刷技術のように「塗って乾かす」方法で出来上がりです。

このような、塗ってつくれる太陽電池が、シリコン太陽電池の次を拓く次世代太陽電池として、注目を集めています。シリコンにないさまざまな特質がある次世代太陽電池の市場は、2035年には現在の10倍以上、年間8300億円にまで成長すると予測されており、その大部分を占めるのがペロブスカイト太陽電池です（富士経済調べ）。

地球にふり注ぐ太陽光のエネルギーは膨大《ぼうだい》です。その1000分の1だけでも、電力に換えることができれば、世界中で消費されるエネルギーの5倍をまかなえるほどのポテンシャルがあるのです。

そのなかで発電効率が高く、低コストで炭酸ガス（二酸化炭素）の発生が少ない日本発のペロブスカイト太陽電池は、革命的な次世代太陽電池として大きな期待を集めているのです。

ペロブスカイト太陽電池の発見の背景には、関わった人たちが6～7人いて、そのうちの誰ひとりが欠けていても、たぶんペロブスカイト太陽電池は生まれていないと思います。もちろん僕も関わったひとりですが、よく記者に「どうやって発見したんですか？」とたずねられると、僕は素直に「特別なことはしていませんよ。本当に運よくめぐり合っただけ」と答えます。

ペロブスカイトを使って発電したらどうか、といい出したのは小島陽広《こじまあきひろ》君という大学院の学生です。彼のほかに国内外で複数の人がうまく組み合わさったのだけれど、僕が何か恣意《しい》的に計画して人間関係をつくったわけではなかった。たまたま、まっすぐ進まないというか、ちょっと横に行ってみようとしてやったことが多く、その角々にまるで道路標識のように人がいて、ここに人間の交流と知の交流が起こっただけなのです。

そうして出会った人たちもまた、まっすぐではない道を進んできたらしいけれど、そんな中こうして画期的な太陽電池が生まれたわけですから「運がよかった」としかいいようがありません。「いったい、そこで何が起こったのですか」とさらに問われると、「いや、これこれこういうストーリーがあった」と話します。すると「ああ、やっぱり人の交流があってこそなのですね」という人がいます。それはそうかもしれません。

うちの研究室にきた小島君が、「ペロブスカイトを使った太陽電池をやりたい」といってきたときに、先生によっては「そんな海のものとも山のものともつかない新しいものを始めるより、まずはいまやっているものを改良してみないか」とか「やってもいいけれど、いまのテーマが忙しいので、あまり時間を取りたくない」と無視してしまうかもしれない。あるいは棚上げしてしまう先生もいるかもしれない。

しかし僕は、そういう学生の「新しいものにチャレンジしたい」というやる気を、いかに高めようかと、いろいろ考えてやってきました。

学生のモチベーションを高める方法のひとつは、社会交流の場として学会に連れていくことでした。ときには、ハワイとかの国際学会に連れていく。そこで発表デビューをさせて、世界の研究者や大先輩の先生たちが、自分の成果に耳を傾けてときには質問してくれることを実感させる。実際、それでやる気が上がった学生は、研究を重ねてもう一度発表することにチャレンジします。そういうことを、僕は後押ししてきました。

海外の学会に出席したほかの先生からは「宮坂さんはよく連れてくるね、こういう場所に」と何度もいわれました。小島君もそのひとりで、やっぱり喜んでもらいたかった。そういうことが研究を活気づけることにつながったのです。

## 2

ペロブスカイト太陽電池の研究は、２００６年から始まり、２００９年にはこの研究テーマを担っていた小島君が学位を取りました。世界で誰もやっていない試みで、砂漠のような状態を開拓するわけですから、なんらかの成果を出せば、投稿する論文も審査を通り、博士号を取ることができます。

しかし２００９年に出した論文では、ペロブスカイトという変わった素材を使っていることに加えて発電効率が３％台と低く、また不安定ということもあり、ほとんど注目されませんでした。つまり、最初は太陽電池と呼ぶには無理のある素子（デバイス）だったのです。

その後、僕のさまざまな人間関係、交友関係で、性能が上がっていきます。その展開がまた非常に面白いところです。英国の若い研究者が日本に来て、僕のところでこの研究を学んでいきます。

するとしばらくして突然、効率が10％を超える大台に乗りました。

この業界では、新型の太陽電池の効率が10％まで上がれば、そこで初めて「何だ、何だ」といって、みんなが追試するようになり、ここから研究は急激に動き出します。インターネットによる技術情報は、ＳＮＳと同じ勢いの拡散効果があり、世界の研究者が寄ってたかって改良していきます。現在、ペロブスカイト太陽電池はその真っただ中にあります。

## 3

世の中に受け入れられるかどうかには、タイミングがあります。太陽電池でも同じことがありました。いま僕らが研究しているフィルム型の薄くて軽いペロブスカイト太陽電池は、決して新しいアイデアではありません。太陽電池を屋根に置くのではなく、ベランダとか屋内、あるいは持ち歩くバッグなど好きなところに取りつけて使うという「ユビキタス太陽電池」という考えは、前にもあったのです。

ただ、フィルム型の太陽電池というのはどうしても性能が低い。格好いいが絵に描いた餅《もち》みたいでした。発電して何かを動かせます、というものではなかった。

ところが、いまでは性能が2倍以上も上がってきました。さらに、太陽電池から蓄電池に充電する回路も性能がよくなり、よりいいものが出来上がってくるようになった。
それを追いかけるようにして、時代が要求するものも変化してきます。

いま、脱炭素とかカーボンニュートラルなど、地球温暖化の原因となる二酸化炭素の排出抑制が叫ばれています。石炭などの化石燃料を燃焼する火力発電からの脱却も目指されています。資源に乏しい日本では、環境性、経済性、安定供給性のある電力エネルギーをどう確保するかは大きな課題です。とくに戦争とか有事の際にはそれが必要になります。

また、電力会社に頼るだけでなく自給自足で電力を補うことも大切です。自宅やオフィス、街なかで、太陽電池による自給自足の電気をつくって使う。そうすることでエネルギー消費量を補うことができ「省エネ」になる。ひいては、持続可能な社会の形成に寄与できるのです。使い古された感のある言葉ですが、「省エネ」の視点はとても重要です。

いまは、ものすごく問い合わせも多くなり、ペロブスカイト太陽電池はますます注目されています。ペロブスカイトがこんなに大化けするとは、研究当初は、発明した私自身まったく予想していませんでした。

経産省や環境省もヒアリングに来ます。日本発の技術だから支援していきたいけれども、中国が先に商品化の戦争をしかけてきたら、それは非常に問題だ、どうやって乗り越えられるのかといいます。このままでは、コストやスピード感の点で勝つ自信がないのです。いまでは、世界中で3万人ぐらいが研究していて、おそらく半分ぐらいが中国本土と海外に分散する中国人です。日本の研究者は1000人ぐらいしかいない。

「なんとか日本発の技術を商品化したい」

いま、官民こぞって日本が大きく動きはじめています。

桐蔭横浜大学特任教授　宮坂《みやさか》力《つとむ》

日本発の新技術！　次世代太陽電池の大本命

「ペロブスカイト太陽電池」はこんなにすごい！

▼薄くて軽いフィルム状で、曲げたりフレキシブルな形にでき、設置場所を選ばない

▼印刷技術を使って「塗って乾かす」だけで、簡単につくれる

▼シリコン太陽電池の約半分の低コストでつくれる

▼レアメタルを使わず、原材料は国産でまかなえる

▼エネルギー変換効率（発電量）がとても高い

▼曇りや雨の日、室内照明など弱い光でも発電できる

▼光透過型にできるので、窓のように使っても発電できる

目次◆大発見の舞台裏で！――ペロブスカイト太陽電池誕生秘話

## 第2章　知識ゼロでもわかるペロブスカイト太陽電池
### ——光発電の仕組みと進化

# 第3章　不本意から切り開かれた研究者人生
## ——光発電研究者までの道すじ

## 第4章　未来を変える研究は意外なところに
### ――化学への誘《いざな》い

## 3 人のつながりを大切にする



## 4 挑戦する気持ちを枯らさない

# 大発見の舞台裏で！

## ——ペロブスカイト太陽電池誕生秘話

# 第1章

# ペロブスカイト太陽電池の大逆転開発物語

## ――桐蔭横浜大学でドラマは始まった

## 1　ダメもと感覚で研究していたフィルム型太陽電池

### 「色素増感を太陽電池に使うなどありえない」

20年間勤めた富士フイルムを辞めて、2001年に丘の上にある小さな桐蔭横浜大学に来たときに、学生がやりがいを感じるだろう研究課題を2つ持ってきました。

ひとつは人工網膜《もうまく》、もうひとつは、フィルム型の色素増感《しきそぞうかん》太陽電池です。両方とも富士フイルムで取り組んだもので、人工網膜の素子はイメージセンサに撮りこんだ画像がディスプレイ上で見えるし、太陽電池は出力でモーターがくるくる回り、音楽も聴ける。わかりやすい形で応答が見えるから、学生も面白がるだろうと思ったのです。

富士フイルムの研究所では、人工網膜の後に、リチウムイオン電池、その後に色素増感太陽電池の研究開発をやりました。色素増感太陽電池は富士フイルム時代の最後の研究になりますが、僕にとっては、東大の大学院でやっていた色素増感型半導体の研究の延長線上にあるものです。

「色素増感」、一般の方には聞きなれない言葉で難しそうに感じるかもしれません。色素増感とは、もともとは写真の言葉で、色素を使って写真感光材料の感度を高める（＝増感）という意味です。その原理を応用した半導体が太陽電池でも使われているのです。

太陽電池にはよく知られるシリコン系のもの（屋根の上に設置されている太陽光パネル）のほかに、化合物半導体系、有機《ゆうき》薄膜《はくまく》系とさまざまなタイプがあります。ペロブスカイト太陽電池はどちらかというと有機系で、その前身ともいえるのが色素増感太陽電池です。

ただ、色素増感太陽電池は一部の研究者の間ではずっと不評でした。とくに僕が世話になった大学の先生方、色素増感を学術的に熟知している研究者の間では、「色素増感を太陽電池に使うなどありえない」というネガティブな評価でした。富士フイルム時代にもこんなことがありました。

僕が東大の大学院で指導を受けていた本多《ほんだ》健一《けんいち》先生のもとに、当時助教授だった藤嶋《ふじしま》昭《あきら》先生がいました。藤嶋先生は、僕より10歳上で、産業化に成功した酸化チタン光触媒《ひかりしょくばい》の発明で著名です。日本国際賞も文化勲章も取ってノーベル賞候補です。その藤嶋先生が、「富士フイルムで、宮坂が、どうも色素増感太陽電池みたいなしょうもないことをやっているらしい」という噂を耳にして心配していたそうです。

色素増感太陽電池の研究は、電解液の入った容器に半導体の電極を突っ込んで、光を当てるという原始的なものから始まったものですが、それじゃデバイスにならないから、研究開発では電解液を薄くして2枚の電極でサンドイッチして、平らな形状にしてみたりとあれこれやっていました。

そもそも、色素増感にはいろいろと問題があり、じつは、僕自身も、太陽電池へ使うのは耐久性の点で無理だろうと危惧《きぐ》してはいました（その後、グレッツェルセルという効率の高い改良型が登場し、色素増感太陽電池の代名詞ともなりました）。

ともあれ、藤嶋先生は同じ門下生として、僕を心配することしきりです。当時富士フイルムの研究所長の大石さんは、本多研究室の前身の菊池研究室を出た大先輩にもあたる人でした。藤嶋先生はさかんに「大石さんに、僕からいってあげる」といいます。

「大学の研究ならともかく、企業で色素増感太陽電池はするものじゃないからやめたほうがいいですよと、そういってあげる」

というから、「いや、それはちょっとやめてくださいよ。もうすでに十何人もが取り組んでいるわけだから」と押しとどめました。のちに藤嶋先生も色素増感太陽電池の研究を支援してくれるようになりましたが。

## どうせなら「ペラペラのフィルム型」をやろう

会社の仕事だからやらねばならないのですが、でも心の中では「確かにそうだな」と思ってはいた。だったら、ちょっと変わったことをしよう、と考えました。

太陽電池はガラスのような硬い電極基板に成膜《せいまく》するのが普通で、出来上がったものは当然硬いパネル状です。でもせっかく富士「フイルム」で研究しているのだから、それを、写真のネガみたいに「曲げられるフィルム」にしたらどうだろう。薄くてペラペラのフィルムが光発電するデバイスになったら面白いな、と思ったのです。ちょっとした遊び心もありました。

もちろん、そのときも、フィルム型の色素増感太陽電池の実用化がスムーズにいくとは、正直思っていなかった。なぜかというと、耐久性の点ではさぞかし弱いだろうと。セラミックのような硬いシリコンなら、外にさらして何十年も持つ。しかし柔らかな有機材料でつくるペラペラのフィルムがうまくいくとは思えない。

ただ、逆の見方もできます。何十年もの耐久性はなくてもいいんじゃないか、軽くて手軽に持ち歩けて、ちょっと発電するものがあってもいいんじゃないか。それでコツコツとつくっていたわけです。

しかし、ふつうのガラス型電池に比べて性能は上がらないし、研究報告会で見せるにもインパクトがない。「こういうものができますよ」ということで、1回か2回、話はしたけれど、性能が上がらないままで終わってしまったのです。

その後、富士フイルムは、シリコンとの効率の競争でメリットを引き出せないということで色素増感太陽電池を結局やめてしまいますが、僕は、この桐蔭横浜大学に移ってきて、またそれを始めた。地球温暖化やエネルギーが大きな問題となる時代となり、新型の太陽電池はその解決法になるかもしれない。学生が未来に夢を持てる研究だと思ったのです。

それが、ここにきて当たったわけです。

## 2 ペロブスカイトって何だ？

### 色素の代わりにペロブスカイト？

私は大学教員のほかに、ペクセル・テクノロジーズ社というベンチャー企業の経営もやっています。ペクセルは、大学発ベンチャー企業を推進する横浜市のバックアップで、２００４年に自分で設立した会社です。

われわれ大学の教員が役員になって、大学に部屋を借りました。借りたといっても無料で、光熱費も大学が負担し、一銭もランニングコストがかからない状態で会社を起こせたのですから、すごく恵まれています。

自由な研究環境を求めて企業から大学に移ったわけですから、会社をつくるつもりはなかったのですが、横浜市からの要請もあって、学長（当時、鵜川昇《うかわのぼる》）は起業を推進していました。そこで、なにか得るものがあるかもしれないと思って乗ってみることにしました。このベンチャー設立が、僕の人生を大きく変えるトリガーになるとは、人生、予想もつかない展開になるものです。

3月1日に会社を登記して、実験装置や自分たちの研究成果から生まれた色素増感用の材料を安い価格で出したところ、これらがけっこう売れて、3月末の決算でもう黒字になりました。でも教員だけでやっていたのではだめだ、やっぱり若い人が必要だと考えて人を探しはじめました。

思いきって研究者、社員の公募を出すことにします。「公募する」と雑誌に書いたら、手を挙げてきたひとりが、筑波大学の技官（現・桐蔭横浜大学の池上和志《いけがみまさし》教授）、そしてもうひとりが、東京工芸大学の講師だった手島健次郎《てしまけんじろう》博士。彼らが若手研究者としてペクセルに入ってくれたのです。

手島さんにきいてみたら、給料がけっこう高い。こんなに年収があるのに、どうしてこんなちっぽけなベンチャーに来るのかとびっくりしたけれども、たぶん任期制だったので高い給料を出していたのでしょう。

厚木にある東京工芸大学は、東大を退官になった本多先生が京大での仕事を終えてから学長をやっていた大学です。手島先生はそこで何をやっていたかというと、文部科学省のプロジェクト（上智大学がリーダー）で、ペロブスカイト材料の発光を研究していた。

その手島先生が指導していた大学院修士課程の学生が小《こ》島《じま》陽広《あきひろ》君です。小島君は、ペロブスカイトの結晶《けっしょう》をつくって、その発光特性を調べていました。

小島君は、太陽電池に興味があって、自分がやっているペロブスカイトを使って発電ができないかを調べてみたいと思っていました。彼は、「ペロブスカイトが、もしかしたら色素の代わりに使えるんじゃないでしょうか」といい出した。色素増感太陽電池の色素をペロブスカイトに換えたものをつくりたい、というのです。

それで、「桐蔭横浜大学で色素増感をやっている宮坂先生のところに行って実験できませんか」という話を手島先生にしていたのです。

ペクセル社にきた手島さんが、「小島君という学生がいるんですが、ちょっとペロブスカイトを桐蔭横浜でやらせてくれませんか」といってきたとき、僕はそれがいったいどんなものなのかよく知りませんでした。でも、とにかく、やる気のある新しい人が加わるのは、うちのメンバーの活気を高めるのによいと思い、小島君を外研生（外部研究生）として呼んだのです。

こうして他大学の学生をうちの研究室に入れる形で、東京工芸大学との共同研究が始まりました。

## メーターが動いた！

ペロブスカイトというのは、もともとは鉱物の名前です。ロシアのウラル山脈で１８３９年、黒光りする鉱石が見つかりました。持ち帰って磨《みが》けば宝石などに使えるかなと思っていたのでしょう。当時ロシアの鉱物収集家ペロブスキの名前を取って、ペロブスカイトと命名されました。

その石の中身を分析したのは19世紀の末ぐらいで、組成《そせい》はカルシウムとチタンと酸素でした。物質名はチタン酸カルシウムといい、完全に燃え尽きた後の酸化物です。岩石の一種で、もうそれ以上は分解しない天然物です。

このペロブスカイト酸化物の中には、強誘電性という帯電する性質をもつものがあり、これがデバイスに利用されて一大産業を築いてきました。たとえば、コンデンサにはチタン酸バリウムが使われていますし、もっと身近なところでは、インクジェットプリンタの印刷ヘッド、医療診断に使う超音波（エコー）受信機にはペロブスカイト材料が使われています。

小島君が使っていたペロブスカイトはそうした酸化物とは違って、人工的につくった合成物です。ペロブスカイトを構成する元素の一つである酸素の代わりに、ハロゲンという、食塩に入っているような塩素や、うがい薬のヨウ素などを置き換えたハロゲン化物なのです。

これは、光を吸収すると発光する性質があり、光の代わりに、電圧をかけても発光します。このときの発光とは、電気エネルギーが光エネルギーに変わったもの。つまり、電気を光に換える可能性がある、ということです。そうであれば、逆に、光を当てればそれを電気に換える性質も持っているのではないかと考えられます。

ちょうど桐蔭横浜大学では、ペロブスカイトを使った超音波発振材料を研究している先生がいたこともあり、僕はペロブスカイトという名前は耳にしてはいたけれども、どんなものかよくはわからなかった。

小島君は、「これは発光素子のようによく光るんです」といいます。富士フイルム時代から感光性の材料を研究してきたから、光発電《ひかりはつでん》の性質がありそうなのはわかります。なにより材料が新しい。そして誰もチャレンジしたことのない素材です。

「とにかく、うちで試してみていいよ」ということで、２００６年、ペロブスカイトを使った光発電の実験が始まりました。

色素増感太陽電池には色素が吸着した半導体電極と液体の電解液が使われています。小島君はその色素膜《まく》の部分をペロブスカイト膜に置き換えました。

研究はなかなかうまくいきませんでしたが、数ヵ月後、光を当てると、ピクッと電流計のメーターが動きました。発電したのです。小島君がうれしそうに「応答がありました！」といってきたときには僕もうれしかったです。

ただ、その応答はあまりにも弱く、また不安定でした。なんと電解液に、ペロブスカイト膜が溶け出してしまうからです。

彼が最初につくったペロブスカイト太陽電池のエネルギー変換効率（光エネルギーの何パーセントを電気に換えられるかという率。太陽光のエネルギーは1平方メートルあたり1000ワット）は1％以下。正直いって、そんなちょっとの電気応答だと色素増感に勝つのはまず無理だろう、でも材料がユニークだし、小島君の論文にはなるかなと思ったぐらいです。

小島君を連れて、たくさんの学会で発表しました。5、6回はやったと思います。僕も自分の招待講演で話しました。小島君は日々、実験を続けました。

そんなふうにペロブスカイトの発電に挑戦しているうちに、早くも1年たってしまった。

小島君は修士号を取って就職する予定だという。彼が就職してしまったら、ようやく成果が出てきたばかりの研究が止まってしまいます。

## 研究続行を必死に説得

就職するといっていた小島君は、結局は、研究を継続して博士号を取ることになります。そこに至るまでにいったい何があったのかというと、人間の交流です。

そのひとつめの交流にからんでいるのは、僕の恩師の本多健一先生です。京都大学の福井《ふくい》謙一《けんいち》さんは、ノーベル賞を取った化学者ですが、福井さんが退官した後に、ポストがひとつ空いたのです。その空いたポストに東大を退官した本多先生が移ります。東大の定年は60歳だったのですが、京都は63歳まであった。それで京都大学に移って研究を続けたのです。

ふたつめの交流は、京都大学の本多研究室に大学院生としていた瀬川浩司《せがわひろし》さんです。瀬川さんは、学位を取って京大の助手になり、その後東大へ移って教授になりました。

その瀬川さんが「宮坂さん、うちの大学院の客員教授に来ませんか」と声をかけてくれたのです。僕は「ありがとうございます」とお願いしましたが、あとで聞いた話では人事に競争相手がいて簡単ではなかったそうです。

なんとか採用にこぎつけて、僕は東大大学院総合文化研究科で5年間の客員教授を兼務することになりました。2005年のことです。

その東大の大学院では、研究室を持って学生が取れることになった。そこで、研究を切り上げて就職をするという小島君に声をかけました。

小島君は、ほぼ内々で就職が決まっていました。大学院に行けば、また学費もかかる。就職すれば、給料が入ってくる。どっちに行くかは五分五分です。

そこで彼を説得しました。

「東大だよ」

「学費安いよ」さらに、

「きみの好きな太陽電池が、僕の部屋でできるよ」

その3つの言葉で、やっと彼の気持ちが動きました。いろいろとあったけれど、小島君は東大に来た。

僕が東大の教授になっていなければ彼はこない。僕が彼を説得しなければこない。本当に五分五分の可能性でしたが、最終的には彼は戻ってきました。2007年のことでした。

## 誰も見向きもしなかった研究結果

博士課程の３年間をかけて、小島君は僕の研究室でペロブスカイトの実験を続けて、変換効率は３・８％まで上がりました。僕と共著で出したその研究論文が２００９年に『アメリカ化学会誌』に出ます。こうして小島君は、ドクターを取りました。

この『アメリカ化学会誌』はアメリカ化学会が発行する学術誌でレベルが高く、僕としては自分がドクターを取ったときに出した１９７８年の論文以来の、２報目の掲載でした。

ところが、論文は出たけれど、関心をもつ人はいなかった。追試した人はほとんどおらず、韓国にひとりだけいたくらいです。

じつは、われわれよりもずっと前に、光発電の可能性を示唆《しさ》する論文が出ているのです。ペロブスカイトにフォトコンタクティビティ（光導電性）があるという考えが、１９５７年に『ネイチャー』誌に掲載されています（ただし、実験結果の記載はない）。すでに光とペロブスカイトの関係を書いた先人がいたのですが、その後、半世紀のあいだ誰もトライしていない。小島君の研究と同じでした。

それまで、なぜ誰も見向きもしなかったかというと、変換効率が低い（３％程度ではインパクトがない）、そして、いかにも効率が出そうもない変な材料だったからです。加えて、どうもすごく不安定らしい。この3つが重なると、もう誰も注目しないのです。

とくにこういうエンジニアリングのデバイスをつくる人間は、安定性が悪い、性能が悪い、よくわからないものだと、いまの仕事から時間を取って、さらにやろうという気にはなりません。

新しい材料で発電できるという論文が出ても、後に続く人がいない。メリットがなければ、みんな追試はしないわけです。

小島君が大学院を去って、ペロブスカイト太陽電池の研究はひっそりと幕を下ろそうとしていました。

## 3　奇跡の変換効率10%超え！

### ローザンヌに送り込んだ学生

ところが、ペロブスカイト太陽電池につながっていく、別の動きが進行していました。うちの桐蔭横浜大学の生え抜き学生が関わってきます。学部から大学院まで行き博士号を取った村上拓郎《むらかみたくろう》君。小さい大学ですが、優秀な学生がいたのです。

知名度が低い大学でドクターを取っても、なかなか社会では難しい。彼に、思いっきり箔《はく》をつけさせよう。そう思って、色素増感太陽電池の権威でノーベル賞候補ともいわれる、スイス連邦工科大学ローザンヌ校のマイケル・グレッツェル教授に相談したわけです。「僕の学生を研究員として取ってくれないか」と。

マイケル・グレッツェルと僕とは、同じ色素増感太陽電池の研究者で、既知の仲です（先述した、色素増感太陽電池の別名「グレッツェルセル」は考案者である彼の名前に由来します）。

そうしたら「いいよ、いいよ。宮坂さんのところの学生、採用しましょう」ということになった。それで、村上君は博士研究員（ポスドク：ポストドクター）として、色素増感太陽電池をやりにローザンヌのグレッツェル研究室に着任したのです。

これが2005年のこと。僕が彼をローザンヌに送っていなければ、たぶんペロブスカイト太陽電池は日本では生まれなかった。もちろん、そのときはそんなことはまったく見えていませんでしたが。

村上君はとても外交的で積極的に友だちをつくるタイプだったので、ローザンヌで、たちまちイギリスから来ていた研究者と仲よくなります。同じく色素増感太陽電池をやっていた、ちょっと「うだつが上がらない」研究者がヘンリー・スネイス君です。

なぜ「うだつが上がらない」のか。色素増感は、その構造に液体の電解液（電解質溶液）を使って初めて、非常に高い性能が出ます。でも、本当は液体を使いたくない。液漏れしてしまうからです。液漏れは乾電池などでも起こる現象です。

だから、スネイス君はこれを全部固体化しようとした。電解液を固体のイオン導電材料で置き換えた画期的な電池をつくっていました。ところが、皮肉なことに色素増感型は固体化すると性能が落ちるのです。いろいろなメカニズムから、その理由ははっきりしていました。

色素増感では、日のあたる表街道は液体、人も通らない裏街道でコツコツつくってチャレンジするのが固体。そう考えられていたほどです。しかし、なんとかして固体化したい。そこに村上君がやってきました。

## ペロブスカイト太陽電池の固体化に取り組む

ローザンヌのグレッツェル研は、会社のように大きい。フロアが違うと知り合うこともないくらいです。ヘンリー・スネイス君の部屋と村上君の部屋は、別のフロアだったけれども、うまい具合に知り合った。村上君もスネイス君も大のビール好きで、ローザンヌの下町のビヤホールにも通う飲み友だちになったのです。村上君が酒を飲めたことが、ペロブスカイトの縁結びにもなりました。

そのころ、日本では小島君が、ペロブスカイト太陽電池の初期の手がかりを見つけていました。

一方、村上君とスネイス君は意気投合し、色素増感の共同研究を始めます。その最中、「ちょっと変わった研究をうちでやっているんだよ。ペロブスカイトなんだ。ただ、なにせ変換効率が低いんだよね」という話が出る。小島君のことも話したのでしょう。

スネイス君は考える。「もうこれだけ進化した色素増感だと、俺の固体化技術では日が差さない。けれども、色素をペロブスカイトに置き換えてみたら固体化の効率が上がるかもしれない。また低い効率のペロブスカイトの方も固体化すれば上がるかもしれない」

こうしてスネイス君はペロブスカイト太陽電池の固体化の研究にとりかかるのです。

その後、彼はローザンヌから母国のオックスフォード大学に移って教員になりました。そして、まずペロブスカイトのつくり方を学ぼうと、２０１０年、彼の指導する大学院生を桐蔭横浜大の私の研究室に送ってきました。マイク・リー君です。

マイク・リー君は、日本に3ヵ月ほど滞在してペロブスカイトの作製方法を学んだ後、オックスフォード大に戻って固体化の研究を続けました。

## あわや英国発の技術に!?

しばらくして、スネイス君からメールが来ました。変換効率が上がって、10％を超えたので、『サイエンス』誌に共著で論文を投稿したいと。寝耳に水で、いったい何が起こったのかと驚きました。

正直なところ、手放しで喜べない、愉快でないと感じていました。効率が上がるまでの研究の進捗について、何も連絡がなかったからです。

桐蔭でつくり方を学んだので、僕を共著者にしたいのでよいかと聞いてきたのです。どうやら、論文を投稿したところ、審査員の意見で、桐蔭でおこなった実験結果を含めなければならなくなったので、共著にしたいということらしい。もし審査員の意見がなければ、スネイス研究室が単独で論文を出したかもしれない。審査で救われた気がします。

いずれにしても、効率は最大で10・9％を叩き出した。液体電解液を固体に換え、色素に換えて厚いペロブスカイト膜を使ったことが偶然に当たったのです。その結果を２０１２年『サイエンス』の論文として発表するや、流れが大きく変わりました。

しかし、じつは小島君も固体化の必要性を感じていて、われわれの固体化の実験結果は、スネイス君よりずっと早く、２００８年にハワイでおこなわれた電気化学の国際会議（PRiME2008）で発表しているのです（内容がネットで閲覧できます）。

ペロブスカイトが薄すぎたため、効率は１％に満たない低いものでしたが、これこそ世界初の全固体化ペロブスカイト太陽電池です。

## ミラクルを起こした人間交流

ストーリーの第1幕の舞台は、横浜郊外の丘の上の小さな大学、桐蔭横浜大学でした。第2幕の、研究者たちの出会いの舞台となったのはスイスのグレッツェル研です。マイケル・グレッツェルは、色素増感でまさに実用品をつくるところまできていて、その当時、世界にはものすごい数の色素増感の研究者がいました。とくに中国と日本、そして韓国です。日本では、シャープが色素増感の研究プロジェクトを経産省のＮＥＤＯ（新エネルギー・産業技術総合開発機構）でやっていました。

第3幕は、英国のオックスフォード大学がその舞台となりました。有機系の太陽電池が競う中でいよいよ色素増感が実用化するかというときに、突然、10%超えのペロブスカイトという道場破りが登場したわけです。ありえない展開です。

この一連のミラクルの、そもそもの始まりのところにいたのが僕であり、それぞれの流れをつなぐハブ役になったのが僕でした。本当に不思議なことです。

僕をめぐる人間関係、いや、人間の交流が、死に体だったペロブスカイト太陽電池を大逆転させ、革命的な次世代太陽電池を生み出したのです。

## 4 世界の太陽電池ビジネスの最前線へ

### 研究開発が一気に進み、シリコン並みに急成長

村上君をローザンヌに送ったら、思いがけない人間関係が進んで、「よほどのこと」がなければ注目を浴びないだろうと思われていたペロブスカイトに「よほどのこと」が起こりました。箸にも棒にもかからなかったペロブスカイトの変換効率が10％に上がったのです。村上君との出会いを契機にして、ヘンリー・スネイス君がそれをやり遂げました。

こうなると研究者は放っておきません。世界各国で、みんな一斉に動き出します。10％の大台に乗ったとたん、みんな勝手にペロブスカイトに集まってきた。海外の動きが早すぎて、日本はもう口を開けて見ている状態です。

中国では、色素増感型太陽電池の研究者が全部ペロブスカイトに乗り換えました。どうも乗り換えは自分たちの意思だけじゃない。政府が何十億円という資金を出して、やってみろ

と、国家主導でハッパをかけた。非公開の会議で研究者たちを集めて、この研究をスタートするときは1件あたり何百万を出す、とやったらしい。それでみんな乗り換えてしまった。あれよあれよという間に進んで、気づいたら、もう誰も色素増感をやっていないのです。学会で中国人にいっぱい会う機会がありますが、「いま、色素増感をやってる人はいる?」と聞いたところ、「誰もいない。みんなペロブスカイトに移った」といっていました。ローザンヌの研究者で、グレッツェルの片腕であったナゼールディン博士も、僕に「私がいま、グループで最後の色素増感の論文を準備している」といっていたのを覚えています。

じつは10%を突破する前に、韓国の成均館《ソンギュンガン》大学の朴南圭《パクナムギュ》教授が、われわれの実験の追試をおこない、6・5%を出しました。これはペロブスカイト研究のホップ・ステップぐらいにはなったと思います。

われわれの2009年の論文はほとんど誰にも引用されなかったのですが、ただひとり、韓国の彼が引用して追試したのです。それには特別な理由があります。

彼に「なんでこれに関心を持ったの?」と聞いたら、「じつは、僕の博士論文がペロブスカイトだった」とのこと。

「僕が博士論文で使っていたペロブスカイトが、こんなものに使えるのかとびっくりした」もちろんそれは光と関係ない別の目的でしたが、こんなものがなぜ太陽電池に、と不思議に思って追試したそうです。

スネイス君が追試していなくても、朴さんは、固体化することに気づいていた。そして、われわれの『サイエンス』誌の論文から約1カ月後に、効率が9％台の論文を別の雑誌に投稿していました。

学術論文の掲載は審査や査読などの段階を経るため、投稿から掲載までに時間がかかります。そして、朴先生の9％の論文は投稿が遅かったにもかかわらず、掲載されたのは、われわれの『サイエンス』の論文よりも1カ月半前でした。投稿した論文誌の審査が厳しくなかったためですが、朴先生は「質」よりも「早さ」を選んだのでしょう。ある意味、日々しのぎを削っている研究者の戦術です。

朴先生は、じつは色素増感太陽電池で長年僕の競争相手だった方です。スネイス君でなく、朴先生がペロブスカイトを有名にした可能性はありますが、効率がわずかに低かったのでここは微妙です。

いま、ペロブスカイト太陽電池は最大変換効率25・7％、シリコン太陽電池の最大26・

1％とほぼ同じです。わずか10年あまりで性能は急上昇しました。性能を上げるスピードはさすがにちょっと緩《ゆる》んできてるかなと思います。理論限界に近いところまできていますから、ここから先は実用化・大量生産に向けた開発、企業の事業活動のステージに移ってきます。

## 勢いづく海外勢、日本はどうか

ところが、日本では、太陽電池は基本的にビジネスとして儲からないというイメージがあり、それがネックになっています。中国がその原因です。

20年ぐらい前までは、日本が太陽電池の生産量のトップを維持し、メーカー技術でいう世界の10位以内に3社（京セラ、シャープ、三洋電機）が入っていました。しかし、いまはどこもなくて、全部中国です。

中国がものすごく安く、もうダンピングみたいな値段で太陽電池を販売したからです。そのバックでは中国政府が経費を支援していました。「こんなんじゃビジネスをやっていられない。商売上がったりだ」「太陽電池に手を出すとやけどする」とまでいわれるほどになってしまった。

最初は安かろう悪かろうだったけれど、いまでは大きな企業ができて品質も向上し、ヨーロッパも中国製のものを買っています。

そのために、日本も韓国も「太陽電池ビジネスは収益にならない」という固定観念ができてしまった。サムソンなどは、小型デバイスやテレビばかりで、大型の発電パネルはつくっていない。ＬＧも同じです。収益ファーストの企業は太陽電池には共鳴しないのです。

じつはペロブスカイト太陽電池の最初の特許は２０１２年、私の会社ペクセル社が取得した国内特許でしたが、その後、ペクセルでは海外の特許を取っていませんでした。正直なところ、私自身、こんなに大化けするとは思っていなかったのです。知的財産は国ごとに独立しており、国際特許を取るには手続きと維持に数百万円の費用がかかります。

なにより、小島君とふたり、国際会議で研究を報告してしまっていた。特許を出願する前に、あちこちの学会などで話し、印刷物（論文）も出しているのです。学生を学会へ連れていって、どんどんプレゼンさせていました。

とにかく技術の中身が新しくて面白い。論文発表につなげればよいと考えており、そのころは、こんなふうに事業化するとは思ってもみませんでした。

でも、その反面、特許使用料のしばりがないため、世界中の研究者や企業がペロブスカイトに関心を持ってくれたことも事実。いま、ペロブスカイトの研究者は推計3万人、あるいはそれ以上です。

いまでは、国内外でものすごい数の特許が出ていますので、実用化をしようとすると、やっぱり特許のトレードになってしまいます。A社が実用化しようとすると、B社の特許を使わなければ実用化できず、B社が実用化できるかというと、C社の特許が必要となるような具合です。これはリチウム電池、あるいは有機EL開発のときと同じような状況です。

一足早くペロブスカイト太陽電池の実用化を進めているのはやはり海外勢。ポーランドのサウレ・テクノロジーズ社では、2021年に工場をつくり、小型デバイスの商品化を進めています。スーパーなどで見かけるデジタル表示された値札（電子棚札）、あれを屋内照明でペロブスカイト素子を使って発電するというもの。窓のブラインドに貼りつけて発電するタイプのものもあります。

中国の大正微納科技は2022年7月から、フレキシブルなプラスチックの大型パネルの生産を始めました。ヘンリー・スネイス教授が相棒のクリス・ケイス氏と設立したオックスフォードPVも、シリコン型と組み合わせたタンデム型の高効率電池の工場をドイツに建設。

ただ、いずれもまだ生産規模は大きくないようです。

日本では積水化学、東芝、アイシンなどが2025年ごろに事業化を目指しています。カネカはシリコン型と組み合わせるタンデム型での展開です。

## ポーランドのサウレ社とコラボ

サウレとペクセル、桐蔭横浜大学は研究開発でコラボすることになりました。きっかけとなったのは、オンラインで若い研究者を入れておこなったディスカッションです。

僕は、これまでインド、イタリア、ドイツ、中国、韓国など海外の多くの博士研究員を研究室に呼んで、共同研究をやってきました。海外の研究室と交流をすることも目的でした。

このなかで若手研究員のひとりが日本からヨーロッパに戻り、サウレ社に就職したものですから、仲よくこの分野を盛り上げるために情報交換できないだろうか。まずは契約を結ぼうということになったのです。秘密保持契約です。

情報開示の相手や範囲を限定するこういった契約は、ともすれば研究を縛ってしまうリスクになることもありますが、致し方ありません。僕はそうしたマイナス面より、むしろ海外の若い研究者どうしを交流させるプラス面に関心があります。そこから予期しない研究のヒントを得ることがあるからです。

このサウレ・テクノロジーズですが、最高責任者はオルガ・マリンキビッチさんという女性です。以前、国際会議の後の懇親会が開かれたクルーズ船のデッキで、太陽電池に熱心な美人に話しかけられて、ペロブスカイトのことをいろいろ聞かれたことがありました。技術的なことにやたら詳しい人だなとは思いつつ、そういう話ができるのがうれしくていろいろ答えていたのですが、いま思うとあれがオルガ社長だったのです。

「HISのミスターサワダが」としきりにいっていた。でも僕は「HISという企業？　聞いたことないな」と首をひねっていました。当然、技術関係の半導体とかエレクトロニクスの会社だと思っていたからです。

「知りませんか？」

「いや知らない。HISさんのことは聞いたことがないですね」

そのときは、「サワダさん、サワダさんって、誰のことをいってるのかな」と思ったのですが、しばらくしてからわかりました。あの旅行会社HISの澤田《さわだ》秀雄《ひでお》さんのことだったのです。長崎の「ハウステンボス」（2022年に売却が発表）にサウレ社の太陽電池が置いてあるようです。

ちょっとびっくりしたのは、サウレとのオンライン会議で、「すでに商品を販売しているようだから、うちも買いたい」といったら、「売ってない」といいます。「え、商品化してないの？」と聞くと、「B to B（企業間取引）の販売は動いているが、一般の商品化はまだしてない。ハウステンボスなどにはコマーシャルとして出した」といいます。

つまり、太陽電池事業化に多額の資金を出した投資家に対するリターンとして、商品モデルのデモンストレーションをおこなったのです。だから、実際に一般向けの商品を売って、収益を出している段階にはまだ至っていなかった。

スタートアップの企業では、投資家からお金を集めるために、とにかく「これをやります」と花火をバンバン打ち上げます。そうやって花火を打ち上げてビジョンを提示することで、資金が集まる。逆にいうと、花火を上げないとお金が集まらないといいますが、そのとおりだと思います。思いきったことが必要なのです。

日本の企業は、技術力の高さが強みです。私も何社か生産現場を視察しましたが、品質もアップし、これなら世界で闘えるという実感を持っていました。海外に引けを取らず、アグレッシブに頑張ってほしいと思います。

# 第2章

# 知識ゼロでもわかるペロブスカイト太陽電池

## ——光発電の仕組みと進化

# 1　知ってるようで知らない太陽電池

## シリコンかペロブスカイトか——太陽電池の種類とコスト

太陽電池という発想が生まれたのは、１９５４年ですから、僕が生まれて1年後のことでした。アメリカのベル研究所の研究者が、世界初のシリコン太陽電池をつくったのです。半導体であるシリコン（ケイ素）の結晶に光を当てると電流が流れますが、単なるシリコンじゃなくて、そこにいろいろな不純物を添加（ドープ）して、発生した電子が熱に戻らないように流れる性質をつくったものです。

その後、１９５８年に、ヴァンガードというアメリカが打ち上げた人工衛星に、そのシリコン太陽電池（変換効率約10％）を載せました。当時、対抗馬のソビエトの衛星（スプートニク1号）は電池を載せていたけれども、光発電しない電池でしたから、３週間しかもたなかった。アメリカが載せた太陽電池は、寿命が6年間にも延びたということです。

太陽電池の研究は宇宙用で始まり、その技術がいま、地上に降りてきて民間が使っているのです。

太陽電池の種類にはさまざまなものがありますが、材料でいうと次のように大きく3タイプに分かれます。

・シリコン系＝現在主流のシリコン結晶（最高変換効率約26％）
・化合物系＝ＣＩＧＳ（同約24％）、CdTe（同約23％。カドミウムテルライド、日本では現在生産されていない）
・有機系＝色素増感（同約14％）、有機薄膜（同約19％）、ペロブスカイト（同約26％）ほか

太陽電池を産業化する動きが始まったとき、シリコンが主流になりました。現在も太陽電池のほぼ95％を占めています。性能、つまり変換効率は高かったのですが、最初は高額でした。シリコンの結晶は１４００度の高温で原料を溶かしてつくります。この温度を保つだけでも電気代がかかり、工場設備も大掛かりになります。製造過程で$CO_2$が排出されること

も問題です。

ところが、大量生産が始まると、どんどん安くなってきました。さすがに半世紀もかければ安くなります。いまではシリコンのウエハ（基板）は、1平方メートルで原価が5000円くらいです。シリコンが主流の現在の太陽光発電の発電コスト（電気代の原価）は、1キロワット時で約12円です。

でも、ペロブスカイトは、それよりはるかに安い。ペロブスカイトの薄膜は、1平方メートルで300円程度なのです。ペロブスカイトは原料自体がとても安く、生産には高温がいらず、印刷技術の応用でつくれるからです。

発電に使うペロブスカイト膜が非常に薄いことも安い理由で、厚さは0・5～1マイクロメートルとシリコンウエハの100分の1。髪の毛よりもずっと薄い。ただ、そんなに極薄のものは単体ではフィルムとして使えませんから、何か支持体（基板）の上に塗らなければいけない。その基板となる電極の材料が、じつはペロブスカイトの数十倍高いのが現状です。

現状はそうですが、周辺材料は置き換えが進みいずれ安くなるでしょう。そうなれば、心臓部のペロブスカイトが非常に安いのが効いてきます。そう考えると、ペロブスカイト太陽電池のパネルの価格はシリコン太陽電池の半分くらいになるでしょう。

では、発電コストはどうなるか？　発電コストは、太陽電池を使い切るまでの総発電量（キロワット時）で、パネルの価格を割って得られます。したがって、パネルを何年使えるかの寿命も影響するのですが、寿命が同じならば、ペロブスカイト太陽電池の発電コストは1キロワット時約6円。シリコンの半分と予測されます。この6円くらいのコストは、日本では火力発電（同12〜20円）を抜いて十分に安いので、太陽電池の普及に拍車がかかります。

ちなみに、日本より日射量が圧倒的に大きい中東の砂漠の場合は、発電コストはずっと安くなります。シリコン太陽電池を大量に敷いたメガソーラー発電所では、キロワット時ですでに2〜3円くらいまで安くなると予想されています。ペロブスカイトならばこの価格もさらに安くなるでしょう。

## 電子と正孔——太陽電池の仕組み

ここで、太陽電池の仕組みを簡単に説明しておきましょう。

太陽電池とは光のエネルギーを電力エネルギー（単位はワット）に換えるものです（先に述べたとおり、太陽光は晴天のとき1平方メートルあたりちょうど1000ワットのエネルギーを持っています）。

太陽電池の主な原料は半導体《はんどうたい》（電気を通さない絶縁体《ぜつえん》と電気を通しやすい導電《どうでん》体の、中間的な物質）。基本的な構造は2種類の半導体を接合し、その両側を電極でサンドイッチしたイメージです。

太陽が照り、半導体がその光のエネルギーを吸収すると、半導体の中でマイナスの電荷《でんか》を帯びた電子《でんし》と、プラスの電荷を帯びた正孔《せいこう》（ホール）が生じます。半導体の中に形成される電位の勾配《こうばい》を使って、それぞれが別々の電極に移動することで電気の流れが生じ、それと一緒に電圧も生じて、発電する仕組みです（図2－1）。

もう少し補足します。重要なのは電子です。電気は電子の流れですから。固体でも液体でも、どんなものでも光を吸収すると必ず電子が動きます。光、つまり光子《こうし》は強いエネルギーなので、それが当たると物質を構成する原子《げんし》の中で、電子が動くのです（これを光電《こうでん》効果といい、アインシュタインによってその仕組みが明らかになりました）。

たとえば髪の毛に光が当たると、一瞬は電子が動きますが、それは何も悪さをしません。というのは、再結合といって、できた瞬間にまた元に戻って、熱に変わってしまうからです（これらはすべて原子のもつ電子軌道に起こる現象です）。

## 図2－1　太陽電池の基本的な仕組み

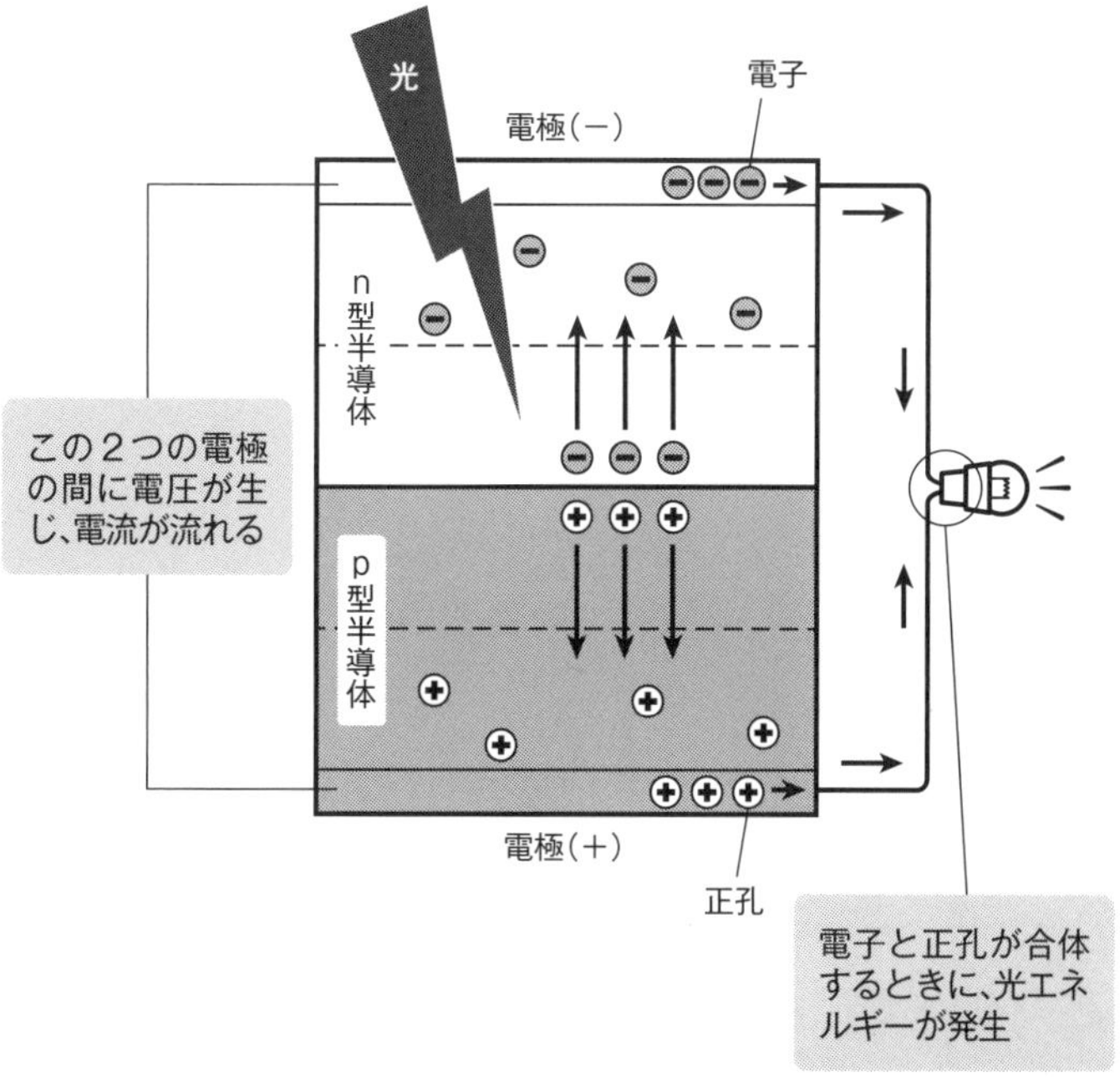


太陽光によって太陽電池内部にマイナスの電荷を帯びた電子とプラスの電荷を帯びた正孔が生成する。電子と正孔は内蔵電位差によって分離し、正反対へと移動が始まる。同時に、電極の間に電圧が生じる。こうして電流が流れる。

**電力(W)＝電圧(V)× 電流(A)**

原子ごとに持っている電子の数は異なります。水素原子には電子が1個、ヘリウム原子には2個、炭素原子には6個という具合です。それらの電子は原子核《げんしかく》を中心に、同心円状のイメージで広がる電子軌道上にいます。そして光が当たると、その電子軌道を電子が移動するのです（図2－2）。

光が当たって電子がエネルギーの低い電子軌道から高い軌道に移動すると、電子の抜け殻《がら》が軌道にできます。これが正孔（ホール）です。

電子と正孔の関係は、電子はマイナス、正孔はプラスの電荷を持ち、ふつうは引きつけあって結合する（再結合）。このときに何が出るかというと、熱が出るわけです。だから、光が当たると温かくなる。

太陽電池のような光エネルギー変換では、光で生じた電子が熱に換わらないように電子を活性な状態で安定化させます。それとは逆に、いっさい反応を起こさず全部熱に換えるよう、産業材料で多大な工夫がなされているものがあります。たとえばインクジェットプリンタのカラーインクです。

もし、インクが光化学反応（酸化還元反応）を起こすと、色素が分解してしまいます。い

## 図2－2　電子が移動するとエネルギーが発生

### ＜電子と電子軌道＞

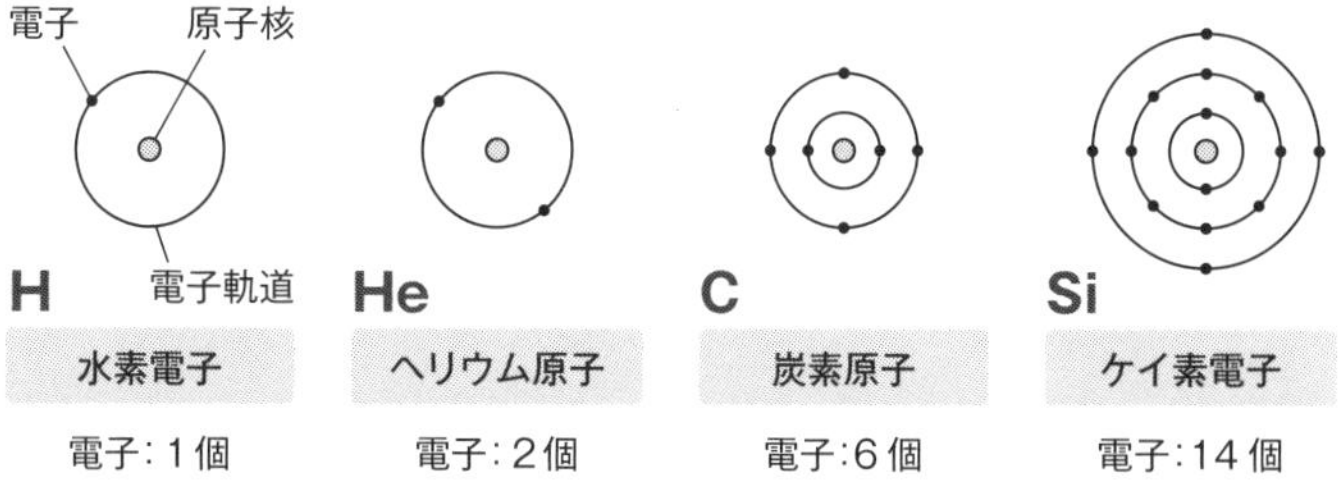


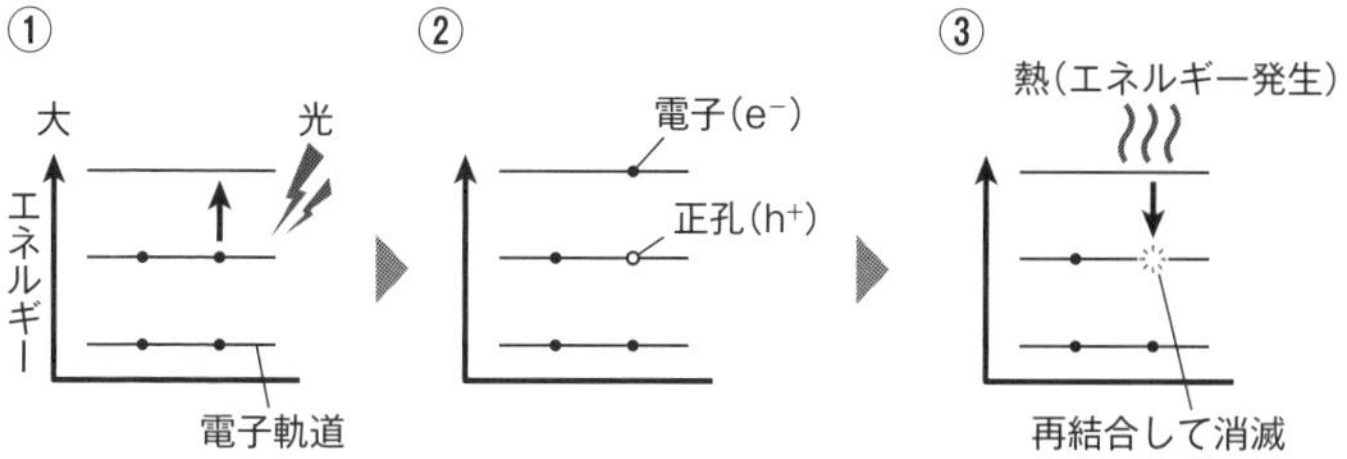


光が当たると電子はより上の電子軌道に移動する。移動した後に正孔ができる

マイナスの電子とプラスの正孔はすぐ引きつけ合って再結合して消滅する。このとき熱エネルギーが発生する

**電子軌道を電子が移動するとエネルギーが発生する**

①→②→③まで進むと光エネルギーは熱エネルギーに変換される
①→②の状態で安定化させ、光エネルギーを電気エネルギーに変換するものが太陽電池

わゆる退色《たいしょく》です。印刷物を日の当たる場所に置き、しばらくすると赤色があせてピンクになったりしたら、それはもう印刷物としてアウトです。インクはそうならないように、光に対して不活性につくられています。

化粧品もそうです。光で化学反応を起こしたら、肌が荒れてしまいます。そこではまたすごい研究がおこなわれています。

太陽電池はこれとはまったく逆で、光で生じた電子は、全部電流に換えなければいけないのです。実際に実用化されている太陽電池では、吸収した光子の数のほぼ100%が電子の数（電流）に換わります。つまり、電子と正孔がロスなく電極へ移動して、電流が得られるわけです。

そして、ここで大切なのは電圧です。「電力（ワット：W）＝電流（アンペア：A）×電圧（ボルト：V）」ですから、電流だけでなく、電圧を高めることが太陽電池の性能にはとても重要になるのです。

じつは、ペロブスカイトはこの電圧が高いことが大きな特長で、高い変換効率の根拠ともなっています。

## 電子の旅行と落とし穴——シリコンとペロブスカイトの違い

太陽電池のシリコンは純度99・9999%と、9が6つ以上つく高純度のものを使っています。そこまで純度を上げるのはなぜかというと、光が当たってできた電子が、電極への移動の途中でいわゆる落とし穴、トラップにはまって出られなくなってしまうからです。

電極までの距離は、数十マイクロメートルとか100マイクロメートルですが、すべてミクロの世界の出来事ですから、電子にとっては長い距離といえます。しかも、シリコンは、その落とし穴が深いのです。これは他の化合物半導体も同じです。ところが、ペロブスカイトはこのトラップがうんと浅い。たとえ足がはまっても出てこられるぐらい浅いのです。

また、シリコンのウエハでは電子が電極まで移動しなければならない距離が数十マイクロメートルですが、ペロブスカイトはこの距離がとても短い。発電層の膜の薄さと同じくらいの、わずか0・5マイクロメートルです。

こうしたことが、弱い光でも発電できるというペロブスカイトの特性として現れます。

シリコン太陽電池では、パネルを必ず南側の屋根に設置して北側には設置しません。日当たりがよくないと（＝強い光でないと）発電が不効率になるからです。シリコンの発電に強い光が必要なのは、トラップが深く、移動距離も長いため、強い光でたくさんの電子を発生させないと電極までたどり着けない、ということなのです。

一方、トラップが浅く、移動距離も短いペロブスカイトなら、弱い光でもたくさんの電子が電極に移動できる。室内の蛍光灯《けいこうとう》の明かりでも、曇りや雨の日でも発電できるのです。

弱い光と一口にいっても、どこまで発電が可能でしょうか。

月明りで発電できるかなと思っていたので、月の光でも試してみました。電気応答は出ました。ちゃんとメーターは動きましたが、発電というほどではなかった。ムーンライト発電というネーミングは素敵な響きですが、月光ではちょっと難しそうです。

## 有機と無機のハイブリッド構造

シリコンとペロブスカイト、なぜこんなに違うのでしょうか。それは半導体の性質は結晶構造や化学結合の状態によって決まるからです。

先述のように、太陽電池に使われるペロブスカイトは化学合成した人工物です。「有機無機複合ペロブスカイト」、つまり有機物（たとえばメチルアンモニウム）と無機物（ハロゲン、鉛やスズなどの金属）を合成してつくられたハイブリッド構造なのです。

図2－3は、この有機無機複合ペロブスカイトの結晶構造です。もともと天然鉱物のペロ

**図2－3　ペロブスカイト結晶構造**

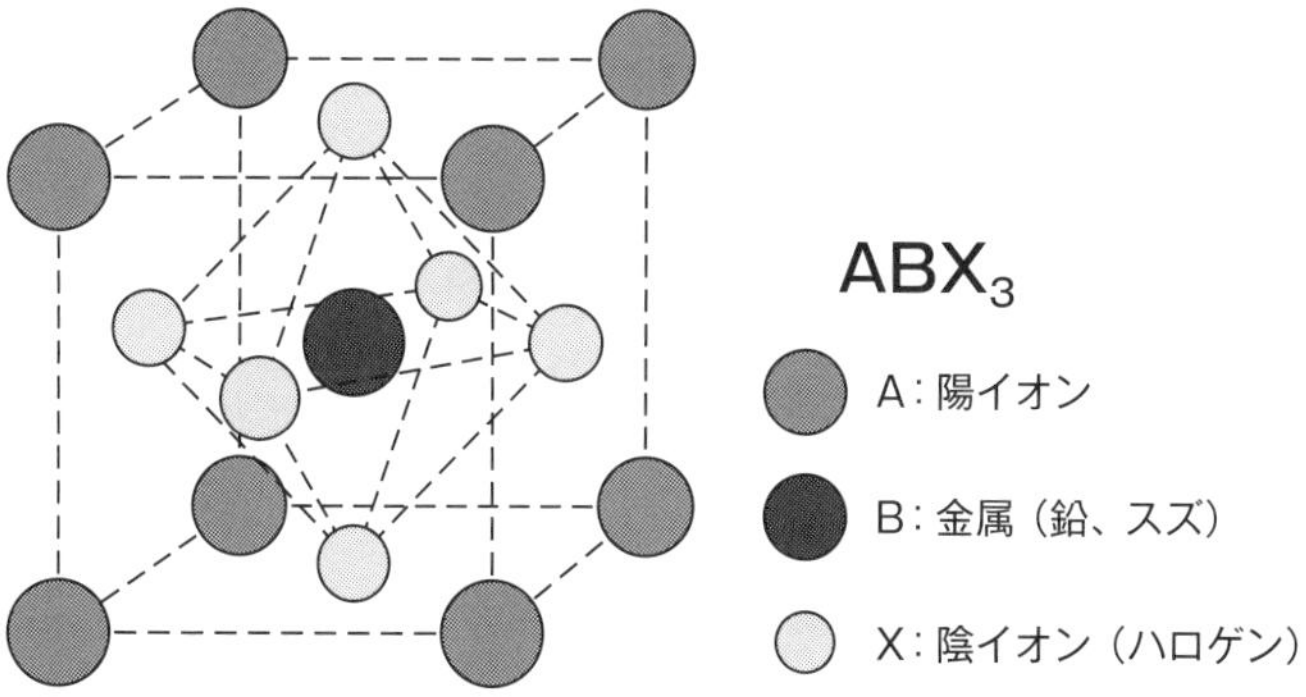


組成のA、B、Xを換えれば、吸収する光の
波長をほぼ自在に変えることができる

ブスカイトの結晶構造も、自然界ではあまり見られない特殊な構造といえます。立方体の中に八面体の格子《こうし》構造があり、中心Bに金属（鉛、スズ）、立方体の八隅Aに有機物の陽イオン、八面体の六隅Xにハロゲンの陰イオンが入ります。

　ペロブスカイトは強い陰性のハロゲンの負イオンを持つため、極性の溶媒《ようばい》に溶けます。そこでペロブスカイトを溶かした溶液を塗《ぬ》って乾燥させれば、簡単に薄《はく》膜《まく》がつくれます。つまり、印刷技術でつくれるわけです。この手軽な製造方法もペロブスカイト太陽電池の大きな特長です。

　しかし簡単なだけでなく、しっかりし

た実用性能を出すにはペロブスカイトの微結晶《びけっしょう》がきちっと均一に敷き詰められた薄膜にしなければなりません。これには結晶析出《せきしゅつ》（晶析《しょうせき》。溶液からその中に含まれている成分を結晶として析出すること）の高いノウハウが必要になります。ここは化学のメーカー、とくに日本の化学メーカーが得意とする技術です。

ペロブスカイト太陽電池をつくるときは、光を通す透明電極の上に、電子輸送材料（酸化チタン、酸化スズなど）、ペロブスカイト、正孔輸送材料（低分子有機物など）を塗布《とふ》し、対向電極を載せます。この順番は逆にしてもつくれます（87ページの図2－9参照）。

図2－4は電池の断面図。図2－5は研究室で半日かけてつくったペロブスカイト太陽電池です。帯状の電極の型を6個配列してある基板に、ペロブスカイト原料を全面塗布して乾燥させて出来上がりです。

6個のセルが直列に並んでつながっていて高い電圧が出るので、実用性があります。この1枚を「モジュール」と呼びます。7×7センチ、厚さ126マイクロメートル、重さわずか2グラムです。このモジュールに塗られているペロブスカイト材料はわずか2円ほどで、基板のプラスチックフィルム（電極膜付き）のほうが高価です。

## 図2－4　ペロブスカイト太陽電池の断面図

断面構造　　積層構造

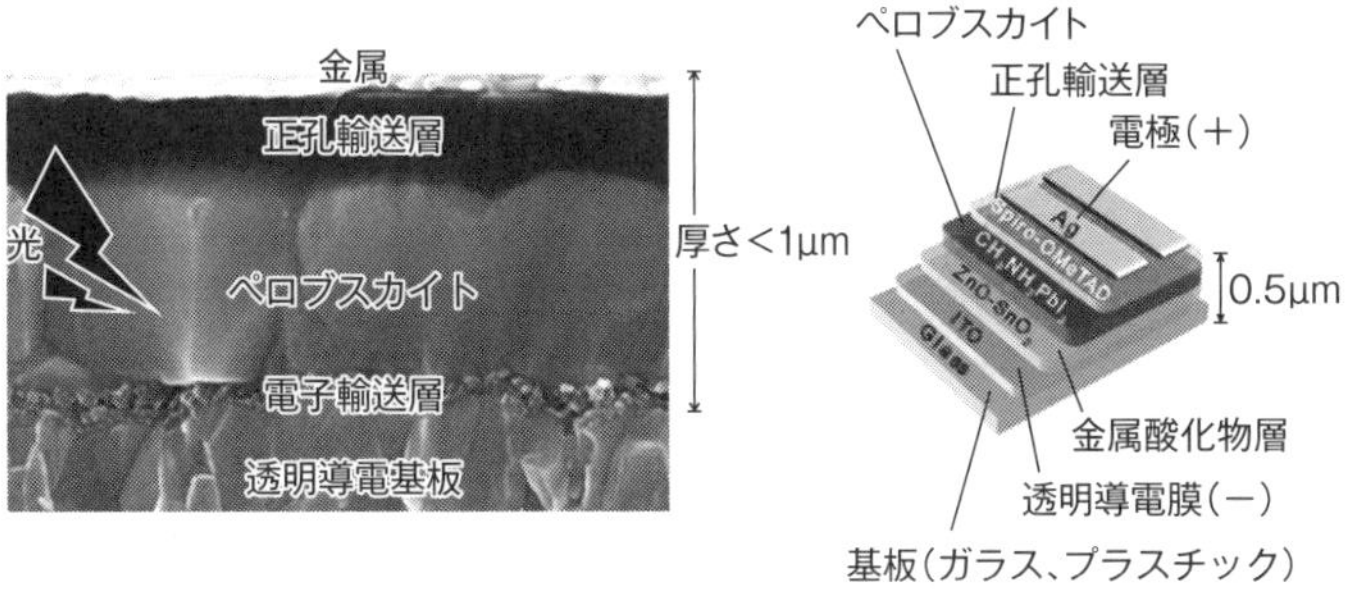


## 図2－5　ペロブスカイト太陽電池のモジュール（フレキシブルなプラスチック製）

6セル直列のフィルムモジュール
（厚さ126μm、サイズ7×7㎝、重さ2g）
製作：2021年10月6日

## ペロブスカイト、驚きの導電性

太陽電池のペロブスカイトは人工物ですから、合成するとき、組成《そせい》をいくらでも換えられます。そして、組成を換えれば、吸収する光の波長（ペロブスカイトの色）を自在に変えることができます。これも大きな魅力です。

地上に届く太陽光には、目に見える可視光以外にも、目に見えない波長の光——赤外線、紫外線などが含まれます。太陽電池は半導体が吸収した光を電気に換えているのですが、半導体の種類によって吸収する光が異なるのです。

たとえば結晶系シリコンは太陽光のほとんど、紫外線から赤外線までを吸収します。このために大きな電流が出るのですが、電圧のほうは赤外線という低いエネルギーの光に対応する低い値《あたい》しか出ません。

一方、ペロブスカイトは主に可視光を吸収し、赤外線はあまり吸収しない。しかし、組成を換えることで、吸収する光の波長を変えることができる。こうすることで、電流と電圧を調整することができるのです。その結果、電圧を高めることで、シリコンとほぼ同等の高い発電量を達成しているわけです。

ペロブスカイト構造が、有機と無機のハイブリッド構造だと聞いても、化学に縁のない人にはいまひとつわかりにくいかもしれません。ハイブリッドなんて格好いい響きですが、要するに複合材料です。有機物と無機物が合体しているということ。

びっくりするのは、有機物が入っているのに、あんな立派な半導体特性を出すということです。それはもう驚きです。有機物は、基本的には電気を通さないので、まったく想像もしていなかったことです。もう少し詳しく説明しましょう。

有機物の中で電子が動く距離は、最大でも100ナノメートル程度といわれています（1ナノメートル＝100万分の1ミリ＝0・001マイクロメートル）。つまり、0・1マイクロメートル程度。ところが、オックスフォード大のスネイス教授が明らかにしたのですが、ペロブスカイトの電子は光が当たると1マイクロメートル以上の距離を移動する。ということは、1マイクロメートルもない薄い発電層の中なら、電子は再結合せずに余裕を持って電極にたどり着ける、すなわち、たくさん電流に換わることができるのです。

こんなにすごい特性を持っていることは、われわれ研究者にとって予想外でした。太陽電池に使うペロブスカイトは、有機物のイオンを含んでいます。この有機物は導電性のない絶縁材料なので、ふつう、このような材料の中では、電子は0・1マイクロメートルも動かないのです。2000年のノーベル賞（白川英樹先生《しらかわひでき》）に輝いた電気を通すプラスチック（導電性ポリマー）でもその程度。本当に、ペロブスカイトの光導電性は驚異的といえます。

半導体の代わりに導電性をもつ有機物のみを使ってつくる有機薄膜太陽電池も、ペロブスカイトと同様に塗ってつくれるものです。しかし、有機物内でも電子が電極に届くように、塗布する有機材料を薄くしなければならない。すると、今度は色が薄くなって、光を十分に吸収できなくなってしまう、というジレンマに陥ります。

だから、一般に有機太陽電池は、理論的に非常に難しいのです。

有機太陽電池は1970年代に写真メーカーのコダックで研究が始まり、変換効率は底を這《は》うように低かった。それから研究を重ねて、50年たったいまではなんと、研究レベルでは19％まで変換効率が上がりました。電子を届けるためのバトンリレーのような構造が進化したためです。この成果はあっぱれです。

それに対して、ペロブスカイトはたった10年間で大化けして、変換効率は25・7％ですから、やはり圧倒的です。

なぜペロブスカイトは有機物が入っているのに、こんなに優秀で、電子が1マイクロメートル（薄膜）とか100マイクロメートル（単結晶）まで動くのか？　もう信じられないほどです。

ペロブスカイトに含まれる鉛《なまり》の電子軌道が電子を運ぶ役目を果たしていることは明らかですが、僕はおそらく、強いイオンが含まれている影響も大きいと考えます。

電子と正孔は互いに引きつけあって結合してしまう傾向があると述べましたが、電子をマイナスのイオンが囲み、正孔をプラスのイオンが囲むと、電子と正孔はお互い相手が見えなくなる。すると、引きつける力もなくなります。だから自由に動き回れるのだと思うのです。

こんな現象が、優秀な半導体の中で起こっているというのも、おそらくペロブスカイトが最初でしょう。

## 2 物理と化学の2つの顔を持つ太陽電池

### 光電気化学とは

僕は、「あなたの専門は、一言でいうと何ですか」と問われると、「光《ひかり》電気化学です」と答えます。いつも自分の履歴書には光電気化学と書きますが、一般の方が「なんですか、それは」といってわからないのは当然でしょう。けれども、ここまで読まれてきたみなさんは、すでにだいたいおわかりでしょう。

電気化学の分野の産物といえば、日常に使う電池が典型的です。これに「光」が加わった光電気化学とは、光エネルギーを電気エネルギーや化学エネルギーに変換する電池が関わる分野のことです。ここでは、半導体電極というものが使われます。

ドイツにマックス・プランク研究所というところがあり、１９６７年ぐらいから、電極に光を当てて電流を流す研究を始めていました。もしその研究者が生きていたら、まちがいなくノーベル賞候補でしょう。その人が電気化学という分野に新しい分野をつくったのです。それが光電気化学。

僕のやってきた色素増感やペロブスカイト太陽電池は、光電気化学の工程で生まれたものです。

一般に太陽電池の半導体は、薄膜を真空蒸着《しんくうじょうちゃく》法でつくったり、大きな結晶を特殊カッターを使ってスライスしたりという物理的な方法でつくります。一方、化学でつくるというのは、化学合成、つまり分子や元素を化学的に結合させてつくるということです。

それから、後述するように、色素増感では発電のメカニズムも、物理的な工程というよりは電気化学という、酸化–還元反応が関わる化学的な工程といえます。

だから、光電気化学でつくる太陽電池というものは、物理太陽電池じゃなくて化学太陽電池なのです。有機薄膜太陽電池の場合は、物理と化学の中間に位置すると考えてよいでしょう。

## 物理系か化学系か

同じ科学のなかでも、化学をやっている者と物理をやっている者は、お互いあまり接近しません。相手の分野がわかりにくいのです。とくに物理屋さんが化学に入ってくるのは、非常にハードルが高いと思います。あの亀の甲の形をした複雑な構造式とか合成とかは、物理の中ではほとんどやらないわけです。

化学はものづくりです。有機分子をつくるなんていうのは、もう化学の王道ですが、物理屋さんにはいちばんわかりにくい部分でしょう。物理というのは真空とか固体を扱いますが、化学は液体の反応（液体中で分子や結晶をつくりだすこと）がメインになり、その制御《せいぎょ》方法というのは複雑でよくわからないのです。

物理では分子や原子をきちっと並べることを装置で強制的に制御しますが、化学では、そうした制御はしないで、温度や濃度など自然条件を調節して自発的な反応を進めます。「自己組織化反応」（分子の性質に応じて、安定的な構造が自然につくられること）というのがその典型です。たとえば雪の結晶は、水の分子が集まって、あのような形に「自然にできた」もので、プログラムやコントロールされたわけではありません。

また、物理では、人がつくったものを調べて解析《かいせき》することだけをやる研究もあるけれども、化学ではそれはあまり評価されない。やっぱりものをつくらないとだめです。化学の力がいちばん発揮されるところが有機合成やバイオ（生物化学）。食品とか、発酵《はっこう》とか、そういう

「レシピ」がからむのも化学です。

同じ理系でも、物理にするか、化学にするかではかなり趣味が違ってきます。受験するときも物理はすごい計算式が出てきますが、化学にはあまり出てこない。

極端なことをいうと、化学は理屈《りくつ》はさておき、とにかくものができなきゃだめという世界です。体を張って地道な実験を何度も何度もくり返して、ものをつくる。そのものがある処方（レシピ）を使ってできたとき、なぜできたかよくわからなくても、できたらいちおう勝ちなんです。一方、物理は、なぜできたかをちゃんと調べてやらなければいけない。

物理が強い人、化学が強い人というのは、それぞれ興味や性格も変わってきますし、その差は仕事をやるうえで重要なのです。だから、僕は、科学者の若い人たちに会うと、「きみは物理系？　化学系？　それとも？」と質問をします。

## 料理と似ている化学の世界

ペロブスカイト太陽電池は、物理と化学の2つの顔を持っています。ペロブスカイトの結晶をつくるとき、溶液を広げて乾かして薄膜をつくるわけですが、これはまったくの化学工程です。だけど、出来上がったものは、もう容赦《ようしゃ》なく物理の範疇《はんちゅう》である半導体とみなして、その光物性《ひかりぶっせい》（光と物質の相互作用）を調べるわけです。つくる工程はかなり化学。で、調べる工程は固体物理。

このように、ペロブスカイトは化学でつくる太陽電池だけれども、出来上がったときには、かなり物理色が強くなっています。そして、ペロブスカイトのすごいところはここ。物理と化学が対等に混ざっているところだと、僕は思っています。物理と化学は、同じサイエンスでも、けっこう水と油ですから。

物理から化学に踏み込むのは、けっこう抵抗があるかもしれないけれど、化学をやっている者は、物理の論理はいちおう読めれば、ある程度受け入れられる。そういう点でも、化学の知識を持っていてよかったなと思います。

ペロブスカイトの薄膜は、経験のない初心者でも簡単につくれます。とりあえずは誰にでもできるのですが、薄膜の質を高める工程は、じつはものすごいノウハウが積み重なって成立しています。

よくたとえるのですが、料理に近いイメージです。料理ではよく調味料で味つけする順番を「さしすせそ」といいますね。砂糖と塩を入れる順番を変えただけで味が変わってしまう。

ペロブスカイトの膜づくりもそれと似ています

膜のでき方を温度や濃度で調節したり、添加剤を加える速さや順番を変えたり……。それらの条件がちょっと変わってしまっただけで、うまくいかないため、何度も何度も実験をくり返して最適解の工程（レシピ）をつくり上げる。そういうイメージです。

そうやって、ひずみや欠損のないペロブスカイトの微結晶にし、それが城壁の石のようにきちっと敷き詰められて平坦になった薄膜をつくるわけです（67ページの図2－4左参照）。

こういう「コツ」の話は、物理の人は訳がわからないでしょう。説明しろといわれても、われわれ、つくる本人もよくわからない世界で、このメカニズムでこうなるといいにくいのです。ところが、出来上がってしまったものは立派な半導体なので、僕らのついていけない半導体理論できちっと説明されるのです。

学会に行くと、物理、化学の両者がまったく混ざっているので、これがとても面白い。若い人には、そういうところに行って、恥ずかしがらずにどんどん意見を出しなさいといっています。

## 3　液体を固体化して変換効率が大幅アップ

### ペロブスカイトの前身・色素増感太陽電池

　ペロブスカイト太陽電池の前身である色素増感太陽電池。スイス工科大学ローザンヌ校のマイケル・グレッツェル教授がその第一人者であるということは、これまで述べてきたとおりです。ここであらためて、色素増感太陽電池について簡単に説明しましょう。

　色素増感太陽電池には、半導体として酸化チタンが使われます。この酸化チタンは光電気化学の分野で、電極用にもっとも広く使われた半導体（半導体電極）です。

　そして、酸化チタン電極は、「ホンダ－フジシマ（本多－藤嶋）効果」として有名になった太陽光による水の分解（水素の製造）を可能にした半導体電極です（第3章参照）。その後は、光触媒《ひかりしょくばい》という画期的な産業技術につながりました。光触媒という言葉は聞いたことがある方も多いかもしれませんね。

さて、この酸化チタン半導体ですが、じつは太陽光の可視光（いちばんエネルギーの豊富な光）を当ててもほとんど反応しません。紫外線しか吸収できないためです。でも、酸化チタンの表面に色素を吸着させて可視光を当てると、電気が流れるようになる。色素が可視光を吸収して酸化チタンに向けて電子を供給するからです。

このように色素を使って光感度を増強した半導体を「色素増感半導体」といい、私が大学院で研究していました。

第1章で色素増感とは、もともとは写真の言葉だったと書きました。色素を使って写真感光材料（ハロゲン化銀）の感度を高めるという意味です。

写真の歴史では色素の吸収する光波長でハロゲン化銀の感度を上げる「分光増感」という方法が19世紀には使われはじめたのですが、これを半導体に応用する研究（色素増感半導体）がドイツで1960年代に始まりました。

目的は、色素の光吸収を使って半導体電極から光電流を発生させる、つまり光エネルギーを電気に変換することです。先述のとおり、マックス・プランク研究所が論文を出しています。

図2－6

色素増感太陽電池を手にしたマイケル・グレッツェル教授（スイス連邦工科大学ローザンヌ校）© Alain Herzog/EPFL

この色素増感半導体を太陽電池に応用するアイデアは、じつは日本で始まっていました。僕が大学院生として東大に行った1976年には、もう大阪大学の坪村《つぼむら》宏《ひろし》先生のチームがつくっていました。まさに「太陽電池」という名前まで使っていたと思います。

富士フイルムが、この色素増感太陽電池の開発をやろうとしたとき、そのころすでに有名になっていたグレッツェル教授（図2－6）との間でファイトがありました。発明はグレッツェルより先に日本で起こっていると主張して、グレッツェルの出した特許を、富士フイルムが潰しにかかろうとしたわけです。そのときに調べたのが僕で、「大阪大学でやってますよ」と報告したことがありました。

富士フイルムが色素増感太陽電池の開発にこだわったのは、会社が持っている無数の色素ライブラリーがあったからです。写真の感光材料に使う色素を何万と持っているわけです。せっかく持っている財産だから、それを写真以外に活用したい。そのターゲットのひとつが、じつはバイオ応用を目指した抗がん薬、もうひとつが太陽電池だったのです。

僕は当初抗がん剤のチームにいて、後述するようにタンパク質バクテリオロドプシンの人工網膜を研究していましたが、声がかかって色素増感のチームに移ったのです。大学で光電気化学をやっていたためです。

色素増感太陽電池はその当時、研究者内でも不評で、東大の藤嶋先生からもやめるようにと忠告されたのはすでに述べたとおりです。問題はいろいろありました。僕が考えていたのは、とりわけ色素の安定性です。

有機化合物の色素そのものが長時間の光照射で壊れることを知っていたからです。先述したインクの色が退色するのと同じです。研究としては面白いが、太陽光にさらして10年以上も使う目的には合わないだろうと。その結果、割り切って持ち歩けるフィルム型を研究するようになったのでした。

僕が大学時代に研究していた色素増感半導体は光を吸収する能力が低いということも大き

な問題でした。半導体を被覆する色素膜は、たったの1分子層とものすごく薄いためです。それを克服したのが1991年に登場し、一世を風靡《ふうび》した「グレッツェルセル」。グレッツェル教授が発明したものです。

グレッツェルは、「メソポーラス膜」（ナノサイズの超微粒子が集まった多孔《たこう》膜）といって、酸化チタンのナノ粒子がブドウの房状につながった膜をつくり、光吸収がおこなわれる面積を500倍以上にしたのです（図2－7）。

単なる平たい膜より表面積がものすごく増えるから、そこに可視光を吸収する色素を付着させたら、光の吸収能力が一挙に上がって、わずかな電流の応答が、何百倍にも上がったのです。

さらに、光を何度も吸収した色素はたいてい分解して壊れてしまうのですが、色素増感太陽電池では、光反応をした色素が再生し、無限回といっていいほどくり返し光反応することができる仕組みになっています。

図2－7の説明のように、光を吸収して電子をメソポーラス膜に渡した色素は、その時点で酸化されます。その後、電解液から電子をもらい、再生する（＝還元される）のです。そうして再びメソポーラス膜に電子を渡す。これがほぼ無限にくり返されます。

## 図2－7　色素増感太陽電池の仕組み

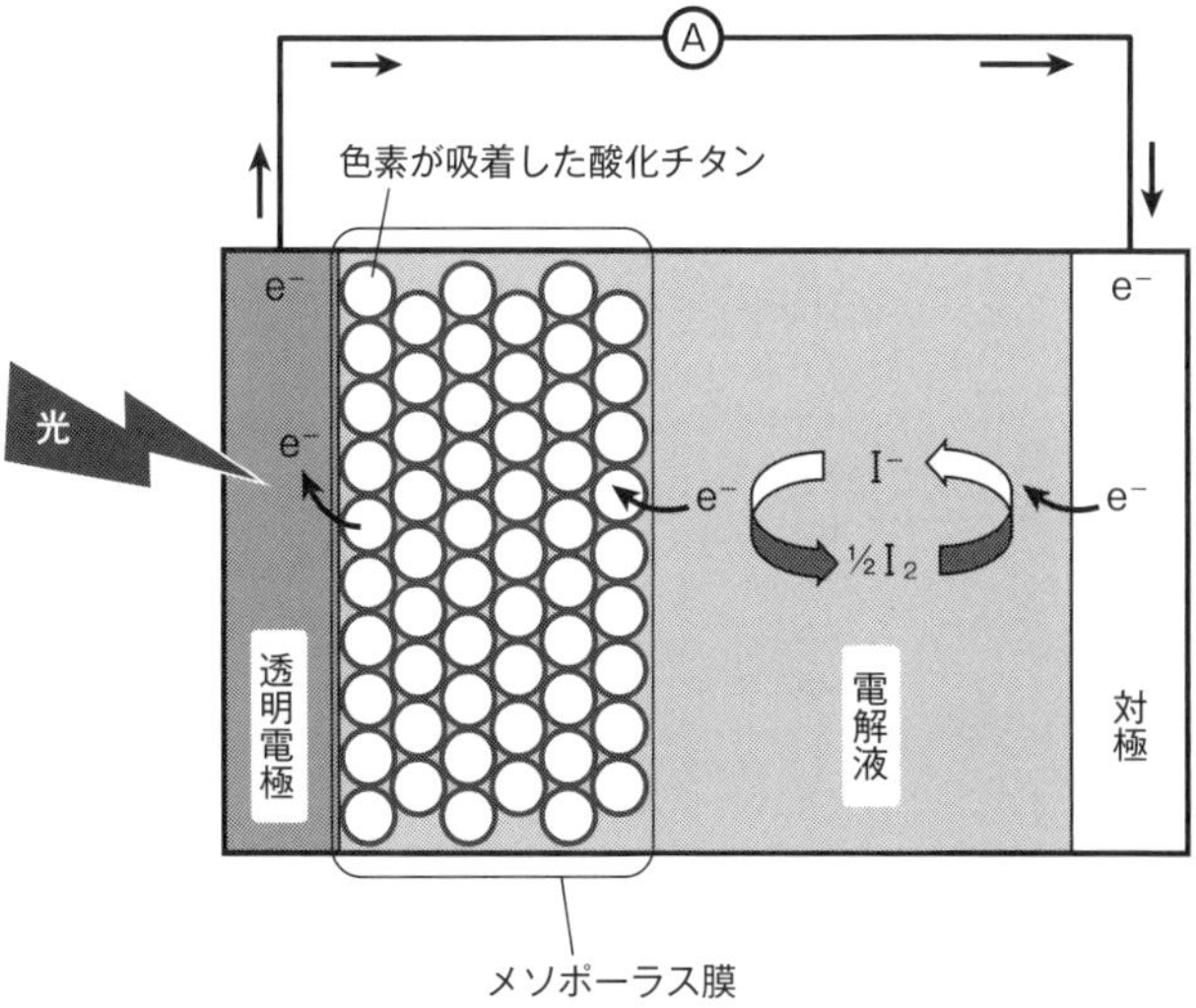


①メソポーラス膜に吸着している色素が光を吸収する
②色素から電子($e^-$)がメソポーラス膜に注入される
③電子は、透明電極、外部回路を通って、対極に達する
④対極の表面で、電子は電解液中のヨウ素($I_2$)に渡され、ヨウ素イオン($I^-$)ができる
⑤ヨウ素イオン($I^-$)は、光を吸収して酸化された色素に電子を渡し、色素が再生する。同時に、ヨウ素イオンは再びヨウ素($I_2$)となる。

このような化学的な「酸化－還元反応」を使って光エネルギーを電気に換えるところが、従来型のシリコン太陽電池の仕組み（半導体の中を光で生じた電子と正孔が移動して電気をつくる）とまったく異なるところです。まさに化学でつくる太陽電池として画期的なアイデアでした。

桐蔭横浜大学では、ペクセル社から移って教員となった池上和志博士が、私と一緒にこの太陽電池をフィルム型にする研究を進めていたのです。さまざまに改良も進み、色素増感太陽電池は次世代太陽電池の有力候補として、大きく注目されるようになった。ところが、そこへ登場したのがペロブスカイト太陽電池です。

## 液体から固体へ、化学から物理へのターニングポイント

酸化チタンのメソポーラス膜によって性能が大幅アップした色素増感太陽電池では、酸化還元剤を溶かした電解液が電子と正孔を運ぶ役目をしていました。

ところが、メソポーラス膜を構成する結晶の粒はナノサイズで、とても小さい。メソポーラス材料とは1～数十ナノメートルの孔《あな》をたくさん持つ多孔性の材料のことです。この孔があまりに小さいので、ちょっと粘度がある液体は中に入っていけない。詰まるのです。

電解液は有機溶剤なのでサラサラで、問題なく膜の奥まで染み込んでいきます。ところが、この電解液を固体にしようとすると、その固体材料が中まで入っていかない。色素増感太陽電池を固体化して、液漏れを防ぐ研究では、そういうジレンマを抱えていました。色素増感が「日のあたる表街道は液体、裏街道は固体」と考えられたゆえんです。

液体だから性能が出せるとはいっても、これまでにデバイスに液体を使って実用化したものは、液晶ディスプレイぐらいしかありませんから、固体化は色素増感でも必須の命題でした。

一方、ペロブスカイト太陽電池は、色素の代わりにペロブスカイトを使ってみよう、という発想から始まっていますから、研究当初に小島君が、酸化チタンにつけた色素をペロブスカイトの微結晶に換える実験を始めたときも、まだ電解液を使っていました。

ところが都合が悪いことに、ペロブスカイト膜の一部が電解液に溶け出してしまう問題が出てきたのです。

もちろん、ペロブスカイト太陽電池の固体化については、われわれも取り組んでいましたが、なかなかうまくいかなかった。電解液から全固体にしてみたら、効率が0・4％と10分

## 図2－8　ペロブスカイト太陽電池の構造

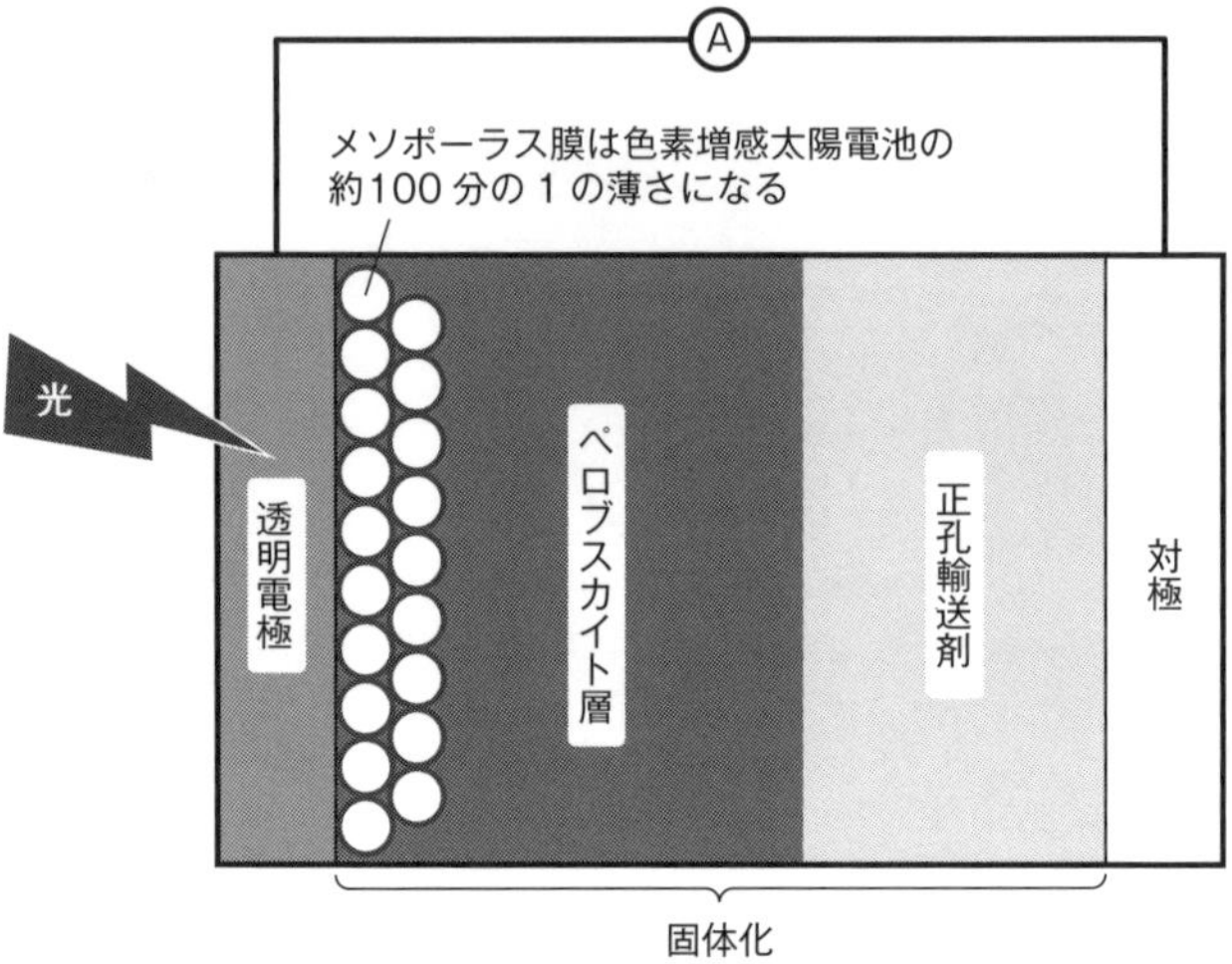


の1に下がってしまうのです。

化学が専門のわれわれは、ペロブスカイトをあくまで増感剤、つまり色素の代わりとして考えていたため、ペロブスカイトを極薄膜（数ナノメートル）にしていたのです。

一方、ヘンリー・スネイス君は物理屋でしたから、ペロブスカイトをメソポーラス膜と混ぜた固体の膜にして、厚みを0・5マイクロメートル（500ナノメートル）と思いきり増やしました。さらに電解液を固体の素材（正孔輸送剤）に換えてペロブスカイト層に重ねました（図2－8）。

運のよいことに、この固体の正孔輸

**図2－9　さまざまな構造のペロブスカイト太陽電池**

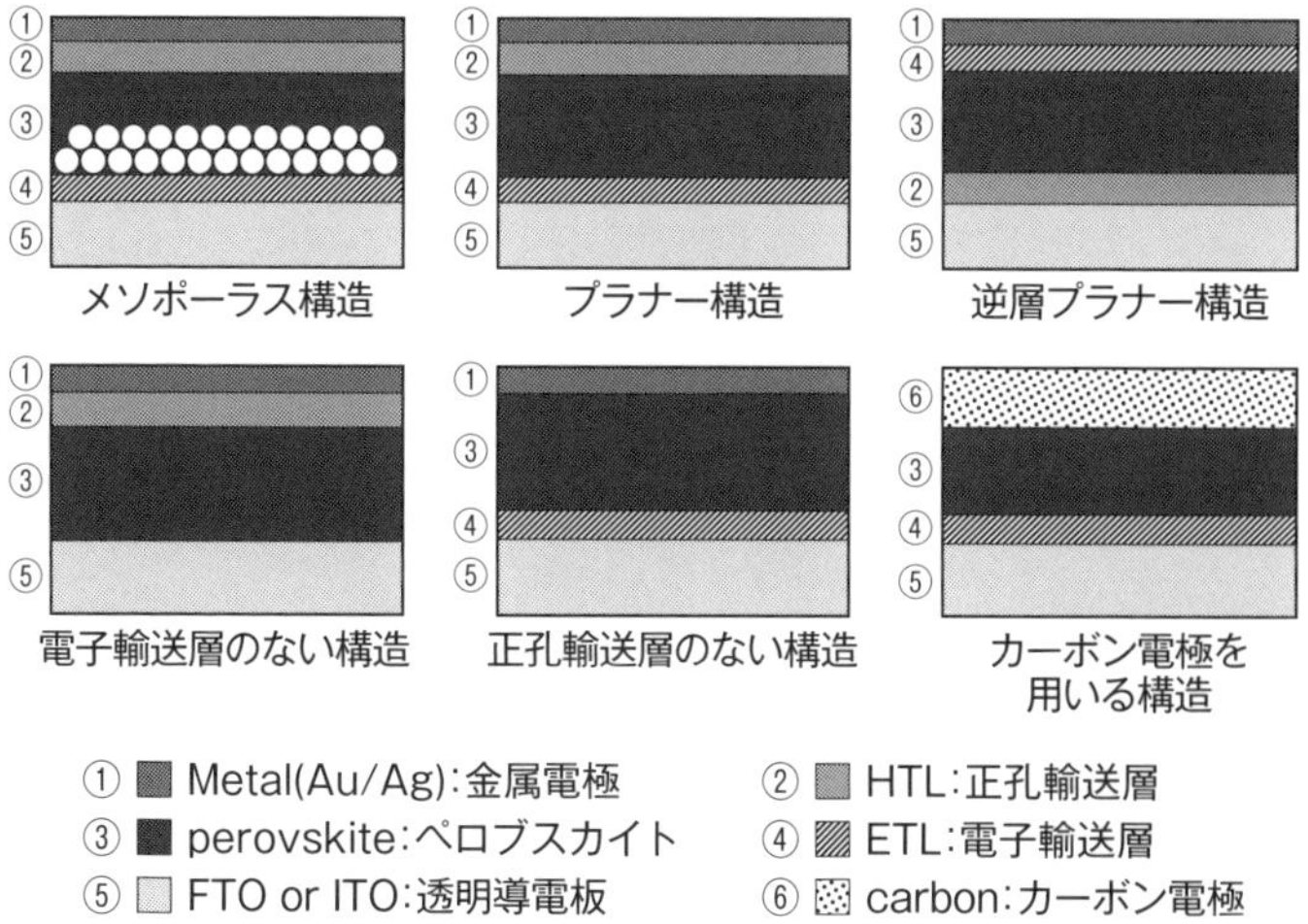


送剤はメソポーラス膜の中までしみこむ必要がなかったのです。それはペロブスカイト自体が、半導体としてシリコンのように結晶の中で電子と正孔を運ぶ能力を持っていたためで、正孔輸送剤はペロブスカイト膜の表面にだけ接していればよかったからです。

その結果、より多くの光を集めることができ、変換効率が一気に10％を超えたのでした。

こうして試行錯誤の積み重ねのすえに、ペロブスカイト太陽電池の成功が築かれたのです。その後は、世界中の研究者がこぞって研究に着手し、効率がどんどん向上していったというわけです。いまではその構造も、さまざまなタイプのものができています（図2−9）。

## ライバルだったグレッツェル教授

グレッツェル教授は、自分でつくった技術で色素増感の実用品が出て、それが社会で評価されて、それこそノーベル賞ぐらいのものをこの分野が取ることを期待していたと思います。その矢先に、ペロブスカイトが出てきて、流れが一気に変わってしまったのです。

その色素増感の本家のグレッツェル研も、ほぼ全員がペロブスカイトに研究を移し、いまではペロブスカイトでも有名になっています。

いま振り返ると、グレッツェル教授は僕より10歳近く年上ですが、わりあい早くから競争相手の関係でもあったのだな、とあらためて思う。われわれの仕事領域は色素増感半導体をはじめとして非常に近く、もう1970年代終わりぐらいにお互いに論文が出ていました。

グレッツェルは、二酸化炭素から炭水化物が生じる植物の光合成のメカニズム（カルビンサイクル）の発見で有名なカルビン教授とも親しい関係にあり、彼が指導した最初のポスドクはカルビンのもとで共同研究者となっています。カルビンもグレッツェルも光合成のモデルをつくるのに興味があり、人工色素を使った光反応で水の分解（水素生成）にチャレンジしていました。このころから太陽エネルギー利用に注力していたのですね。

そのころ僕は、天然のクロロフィルを使って光合成エネルギー変換のモデルを大学でやっていました（第3章参照）。ですから、相手の研究をずっとマークしてきました。

それが研究で急接近したのは、村上君をローザンヌへ送ってからで、いまでは互いに学会で会うと親しくしています。グレッツェルは、桐蔭横浜大学にも来ていますし、そのときの記念の写真も残っています。

## 変換効率の高さがすべてに影響する

色素増感太陽電池も改良が進み、すでに固体化したものが商品となっています。変換効率もゆっくりと上がってきて、いまでは最高で14％まできました。しかし、ペロブスカイトは最高で26％だから、10ポイントぐらいの開きがあります。やっぱりペロブスカイトのほうが効率は圧倒的です。

とはいえ、時計やマウスなど小さいデバイスでは、どちらの変換効率でも全然問題ありません。携帯などのモバイル機器に使うような小型の太陽電池の開発もさかんになっています。

色素増感もペロブスカイトも、発電量がそれほど求められない小デバイスに使うぶんには現状で十分なのです。

いま、色素増感を見直そうという動きもあります。効率はペロブスカイトより低いけれども、ペロブスカイトのように、鉛を使う問題（後述）はまったくないからです。国内ではシャープやリコー、フジクラなど、海外では台湾でもリバイバルが起きて、色素増感の商品が出てきています

僕は、リコーとも共同研究をやってきました。いまリコーが売っている小型機器についているのは色素増感太陽電池ですが、今度はこれをペロブスカイトに置き換えるための開発を始めました。色素をそのままペロブスカイトに置き換えれば、いまの性能よりも上がるのは間違いありません。

問題は大面積のものです。製造方法の難しさでは、小さいデバイスと大きい面積のものでは、大きいほうが難しい。やはり大面積のすみずみまで結晶を均一化して塗布するのは技術的に大変なことです。

大面積にしたとき、いまペロブスカイトの効率は15％です。色素増感は10ポイント低い

5％かというと、そんなことはない。色素増感も10％ぐらいはいきます。

面積を大きくすれば、電気の出力は上がります。いくら効率が低いといっても、面積を倍にすれば電力は2倍ですから。

ただ、消費者が買うときの値段が、面積あたりいくらになってくるかとなると、面積が増えれば当然高くなる。そこが問題なのです。面積がうんと大きくなっても、平方メートル当たりがうんと安ければ、みんな買える。

結論としては、やっぱり効率が高いほうがいいのです。

効率が高いということは面積が小さい。面積が小さいということは設置代も安くなる。運送費も安くなる。すべて安くなる。使う材料も安くなる。コンパクトで高効率に発電できるというのがいちばんいい。効率が高ければ、すごい相乗効果があるのです。この効率と対置するのが耐久寿命ですが、これについては、この後話を進めます。

## 4 ペロブスカイト太陽電池のポテンシャル

### 課題は耐久性?

性能はスピーディーに上がってきたところですが、これからの課題は耐久性です。そこはスピードがそんなに速くありません。いま、3万人ぐらいの研究者がやっている研究のほとんどは、耐久性を高める目的が含まれています。

ゆっくりですが、耐久性は着実に上がってきているから、誰かがブレークスルーを出すと思います。もう時間の問題です。

耐久性は、いま、誰も実際に使った人がいないから、シミュレーションで求めるしか方法がありません。それによると、10~15年ぐらいは持つといわれています。

シミュレーションの方法としては、非常に強い光を当てっぱなしにするとか、85℃ぐらいの高い温度と85%の湿度にさらして、何千時間持つかを調べます。それからあとは計算で、これだけの熱を与えても数千時間持ったというのは、屋外の気温にさらすとどのぐらい持つかを推定する。

そうするとだいたい耐久性は10~15年。でも、10~15年というのは、やはりシリコンの20年よりは短いので、シリコンをペロブスカイトで置き換えるということにこだわるならば、ここに課題があります。

が、僕はシリコンを置き換えることにはこだわっていません。むしろシリコンが使えない多くのところ、建物の壁や窓あるいは屋内にも、ペロブスカイトは使えるからです。

## 耐熱性はどうか

ペクセル社の中国のパートナー会社が一足早く生産し売り出しているペロブスカイト太陽電池のモジュールがあります。これを仕入れて、評価してみると、中国製はまだ完璧ではありません。このモジュールは僕のグループで研究をしていた李《リ》鑫《シン》博士が、友人と一緒に立ち上げた大正微納科技がつくった最初の製品です。効率もまだ改良が必要で、安定性の点では安全対策もいるかなと、いま思っているところです。

太陽光に当てつづけると、一部が発熱する。すごい電流が流れますから、もしどこかに電流が集中すると危なくなる。50～60℃まで上がって、熱いぐらいになります。

だから、このままだと長時間の光にはさらせない。光の当たるところに放っておけば電流がガンガン流れますから、安全装置も入れなければいけないでしょう。一部でもショートすると発火もします。やっぱり発電というのは怖いものだとあらためて思います。

シリコンでも同じことで、変換効率15％で発電するということは、残りの85％のエネルギーは熱になってしまうわけです。そうなると、シリコンパネルが、かなり高温になってしまう。したがって、耐熱性を高くすることは基本的に重要です。

実際には残りの85％までが熱になるわけではありません。それは反射があるからです。ところが、この反射は、シリコン太陽電池では社会的公害となっています。ギラギラ、ギラギラ照り返しがすごい。近所から、「眩《まぶ》しくてしょうがないのでなんとかしてくれ」と文句がくるほどです。でも、この反射で熱の一部は逃げているわけで、反射を小さくするほど熱がたまります。

車のボディも、夏には手で触れなくなるぐらい熱くなりますね。炎天下にある車はもう60℃とかになっています。なぜかといえば、車のボディこそ、走行の安全上反射しないようにつくられているからです。いずれにしても太陽光のかなりの部分が熱に換わっている。

EV（電気自動車）のような車の屋根やボディに太陽電池を載せて電力を稼ぐことを望む声は多いようですが、そういう使い方では耐熱性を高めることが必須です。

ここで、ちょっと基礎的な話をしますと、太陽エネルギーだけでなく、エネルギーの変換は、かならず熱の放出をともなうことになります。高校で習った、熱力学の法則を覚えている方もいるでしょう。

エネルギーは保存されるというのが第一法則ですが、第二の法則というのが、エネルギーが形を変える（変換される）ときには必ず熱の放出が起きなければならないということです。

車のエンジンなどは、化学エネルギー（ガソリン）を力学エネルギーに換えているわけですが、半分以上が無駄に熱に換わってしまいます。

ペロブスカイト太陽電池は変換効率30％ぐらいが限界といわれています。シリコンはもっと高くて50％ぐらい。でも、それは熱損失を限りなく抑えた理論値で、実際にはそこまでいきません。

たとえば実際の効率が15％の太陽電池があったとき、熱損失を無視した理論的な効率の期待値は、30％以上はあるでしょう。その場合、熱として失われる部分が半分以上です。

このように発熱は防げない現象なので、耐熱性を高めることはつねに重要な課題ですね。ペロブスカイト太陽電池は改良が進み、高温多湿の環境下での耐久寿命もずいぶん延びていますから、この課題はクリアできるでしょう。

## 成分と材料のメリット・デメリット

先ほども少し触れたように、ペロブスカイトの成分には鉛が含まれています。とはいっても、ペロブスカイト太陽電池の鉛の量は、微量にすぎません。どれぐらい微量かというと、1平方メートルで0・4グラムぐらい。

生活圏の地面の土壌《どじょう》の石の中にも鉛は含まれていて、0・4グラムというのは、場所にもよりますが、地面の厚さでいうと数センチくらいに含まれる量です。

ペロブスカイト膜の鉛は、露出《ろしゅつ》しているわけではなく、超微量です。そして、鉛は基本的に自然の土の中にありますから、国内でどこでも調達できるわけです。そういう点では非常に安い材料です。

使うのは非常に微量とはいっても、鉛はこれまで中毒が警戒《けいかい》されてきました。どれだけ人体に悪いかということが徹底的に調べられて、エビデンスが出来上がっています。

鉛は、水道管をはじめ、日常生活にもいっぱい使われていたからです。絵の具の赤なんて、まさに鉛の色です。かつては甘味料にも使われていたようです。インドの女性が額《ひたい》に赤い色をつけますが、あれも鉛入りの顔料です（現在は無鉛品のようですが）。

でも、鉛は、化学的には非常に機能が豊かです。金属としても、ご存じのように柔軟に曲げられて、しかもいっさい腐食しない。さびない。ペロブスカイト太陽電池では電子がトラップから抜け出しやすくなったり、エネルギーロスが減ることに通じます。

こういう便利な金属はなかなかありません。しかも安い。ですから、鉛を使うことをヘイトするだけでなく、われわれエンジニアは、これをうまく活用する、活かす産業をつくったほうがいいと思っています。

鉛の問題は、使用済みのものをしっかり回収する仕組みをつくればクリアできます。実際、バッテリー（鉛蓄電池）などは、使用済み品をディーラーがすべて回収する仕組みがあります。太陽電池もそうした回収のインフラをつくり、使用済みのものを有償で引き取って新品と交換するようなビジネスモデルを考える時がきています。

鉛のほかに必須なペロブスカイトの合成原料はハロゲン（ヨウ素や臭素《しゅうそ》）です。ここで大きなメリットは、ヨウ素の調達です。シリコン太陽電池のシリコンは、日本にはないので、全部海外からの輸入です。でも、ヨウ素は、国内でまかなえる。なんと、日本は世界第2位のヨウ素生産国なのです。ワカメなど海藻に含まれ、主に千葉県で生産されます。

鉛もヨウ素も他国に頼らず国内調達できる。これは経済安全保障の観点からいっても大きなポイントです。

## 窓に貼る太陽電池

ペロブスカイト太陽電池は軽いので、さまざまな場所に設置して使うことができます。壁に貼ることもできますし、ベランダに置けば屋根がなくても発電に使えます。

また、ペロブスカイトの膜は光透過性があるので、シースルー型の太陽電池につくりこむことができます。半透明になるので、壁だけでなく窓に貼って使うことができます。窓に貼っても日がさすし、外の景色も見えるのです。

そういう場所で太陽電池モジュール上に影がさすのは、よくあるシチュエーションです。木の影になったり、他のビルの影がのびてきて、ある時間以降は半分しか日が当たっていないとか。

面積の大きい太陽電池モジュールでは日なたと日陰の部分の電圧差で、逆電流という現象が起こりやすくなります。日陰部分で加熱してしまい、ひどいときには材料が融《と》けて使えなくなります。

いまの太陽電池は、そのようなときのために回路で逃げ道をつくっています。もちろんペロブスカイトも対策はできますが、ここは実用化に向けてしっかりクリアすべき点です。

## フィルムの特長を活かす

シリコン太陽電池のシリコンウエハは、薄いガラスのようなもので脆《もろ》く、また、これをしっかり保持する架台《かだい》が重たくなるという欠点があります。一方、フィルム型のペロブスカイト太陽電池は、どのようにも曲げられ、軽量で持ち運び自在です。この特性を活かして、さまざまな運用が考えられ、試作されています。

ＮＨＫの科学番組『サイエンスＺＥＲＯ』に出演したときには、僕は「帽子のつばのところに貼りつけて、音楽をイヤフォンで聴きたい」といいました。番組進行の女性は、「日傘《ひがさ》に貼りつけて、傘の下で扇風機の風をうけたら涼しいでしょう」というアイデアを出していました。ちなみに、帽子で使おうというアイデアは、大学の近くに住む白川英樹先生が私の研究室に来て、先生の発明した導電性プラスチックでつくったフィルムスピーカー（曲げて音が出る）を鳴らそうとしたときに思いついた考えです。

このように、それぞれの生活の中で、自分の趣味嗜好《しこう》に合った使い方ができるところも魅力のひとつだと思います。

この番組では私が本人役で開発ストーリーの再現映像に出ただけでなく、小さなモジュールを実際につくり、いかに製造工程が簡単であるかを示しました。粉末にしたペロブスカイトを溶剤で溶き、フィルムの上に回転塗布機で均一に塗り、ホットプレートに載せて乾かすと、トータル10分くらいでペロブスカイトの膜が出来上がりです。

ペクセル社では、均一に塗るための、専用のインクジェットの印刷機を試作して使っていますが、やがては小さな町工場で、インクジェット式印刷機で手軽につくるときがくるかもしれない。簡単に手に入るので一家に一台、いや一枚、ペロブスカイト太陽電池の時代です。

つくった太陽電池は、持ち運び自在という点を活かして、災害時の活用も期待できます。キャンプや山登りなどのアウトドアでも使えます。スマホに貼ればバッテリーの補充にも使えるでしょう。ウェアラブルの発電デバイスも可能です。

それ以外に、建築界、自動車メーカー、農業などの各産業で、豊かなイマジネーションをひろげた使い方が考えられています。

家の窓、外壁、ブラインド、パーテーション、机、書斎の小さなデバイスなど、どこでも使えるユビキタス電源として発電ができるのです。EVの外装部分に貼れば、走行距離を延ばせるし、農業用のハウスに使えば、太陽光を通しますから、発電と同時に作物を育てることができるのです。

## シリコンと組み合わせたタンデム型が最有望

メーカーでは、大面積のモジュールづくりに注力する一方、シリコンと組み合わせて使うタンデム型の太陽電池も研究されています。

シリコンとペロブスカイトでは、太陽光の吸収領域がずれています。シリコンは可視光から赤外線までを吸収し、ペロブスカイトはとくに可視光を強く吸収する。両方を合わせて使えば、太陽光のほとんどすべての光を無駄なく利用することが可能になり、変換効率はなんと過去最高の30％を大きく超えます。

現在、屋根などに設置されているシリコン太陽電池は、今後タンデム型太陽電池に置き換わっていくことでしょう。

## 5 ペロブスカイト太陽電池がもたらす未来

### 2025年、大阪で駅発電スタート

ＪＲ西日本の「うめきた（大阪）駅」（仮称）という新しい駅が２０２３年に開業予定ですが、そこに２０２５年春ごろをめどにペロブスカイト太陽電池を導入・設置する予定です。積水化学がつくっているのがそれです。

ペロブスカイト太陽電池は、光の当たる角度を選ばないし、どんな光でも発電しますから、まずは面積のいっぱいある壁でしょう。屋根や線路脇などにも置くでしょう。

建物や公共空間に設置するのはやはり大面積モジュールになります。ペロブスカイトのプラスチック製の大面積モジュールが、僕の研究室にあります。図２－10はペクセル社の中国のパートナー会社が工場生産した実用品です。

このモジュールは大きさ40×40センチで、重さは400グラムとやはり軽い。厚さはたったの1ミリですので、さまざまな設置場所にフレキシブルに対応できます。38個のセルが直列につながったパターンで、太陽光下で35ボルト近い電圧を出力します。このモジュールには、ペクセル社の提供する導電性プラスチックフィルムも使われる予定です。

図2－10の色の黒い部分がペロブスカイトです。これは黒ですが、ペロブスカイトの組成を換えて、黄、オレンジ、赤、こげ茶色に仕上げることもできます。

**図2－10**

中国で生産しているペロブスカイト太陽電池のモジュール

大面積モジュールのほうがやはり均一な品質の製造が難しくなるので、この変換効率目標はまずは15％。ということは、1平方メートルで150ワットの発電力です（1平方メートルあたり1000ワットの光エネルギー×15%）。これができれば次は20%（200ワット）を目指します。

うめきた新駅にペロブスカイト太陽電池を設置する積水化学では、ロール・ツー・ロール方式で30センチ幅のデバイス製造が可能になっています。ロール・ツー・ロール方式とは印刷加工技術がもとになったもので、フィルム基板をロールに巻き取って搬送するため、高速で大量生産できます。

この方式で、すでに変換効率15%に成功。今後は実用化に向けて1メートル幅のデバイス製造に取り組んでいます。

## 放射線に強いから宇宙でも使える

いまの宇宙ステーションの太陽電池は、シリコン型です。ほかは、ガリウム・インジウム・ヒ素という化合物半導体の3接合型といって、地上のものよりずっと効率が高い高価なものです。宇宙空間は真空で曇りもないし、決まったスペクトル分布（分光分布）の光がくるから、3つぐらい半導体を重ねて太陽光を集めて、30%以上を発電に変換できます。

地上では3接合型はうまく機能しません。朝夕の時間帯とか、曇ってくると太陽光のスペクトルの形が変わってしまいますが、そういうことのない宇宙ではできる。

ところが、宇宙用の太陽電池が抱える問題のひとつは、放射線に弱いことです。宇宙の放射線のエネルギーは地上の光（光子）の1000倍以上、10万倍くらいにもなります。レントゲンで使うエックス線のように柔らかい物質を通過するので危険です。重たい宇宙服を着て身を守ります。

しかし、ペロブスカイトは、驚くことに、宇宙放射線に対して耐性が高く安定であるという特長が僕たちのチームとJAXA（宇宙航空研究開発機構）との研究で明らかになりました。その大きな理由は、薄いからです。放射線の多くが透過してしまうのです。また、先述したようにトラップ（落とし穴）ができたとしても浅いので、あまりダメージを受けません。

その点では、シリコンとか他の半導体はもう深刻なダメージを受けます。純度99・9999％の中で、少しでもトラップができると大きな影響を受ける。もともと落とし穴が深いので、致命的なのです。

僕たちのチームは早くから、宇宙での実用化に向けて、JAXAと共同開発で、ペロブスカイトの放射線耐久性を試験してきました。ＪＡＸＡがペロブスカイトに目をつけたのは、高効率に加えて、軽量なこと、そして安価なことです。

宇宙開発には安価は必須でないと思っていましたが、いまは民間も衛星を打ち上げる時代なので、やはり安価も課題となるのです。耐久性アップに取り組んでいます。

ＪＡＸＡとは木星など太陽系の遠い惑星に向かう探査機に電力源として搭載する共同研究もスタートしました。太陽から離れた弱い光でも発電できるのがペロブスカイトの強みになります。

ペロブスカイトが放射線にも強いという付加価値がわかって、本当に、いいものずくめになってしまった。こういう展開は予想していなかったのですが、「え、これも、これもＯＫ？なんでこんなにいいことばかりなんだろう」と驚きです。

もちろん、実用化に向けての耐久寿命の課題はありますが、とにかく基本性能が何から何までよいのです。

## 街全体を分散型発電所に

シリコンは、製品化するときには20年持たせなければなりません。業界では、お客さんがシリコン太陽電池を買うと、「10年で性能が1割落ちたら無償で交換します」などというくらい厳しいと聞きます。

ただ、「もうだめになったから交換してくれ」といっても、「お客さん、これはシリコンじゃなくて、周りがだめになったのだから、保証対象じゃありません」といわれることはありそうですが。実際に、太陽電池以外の部分が劣化《れっか》してシステムが使えなくなるケースもあります。

太陽電池ではありませんが、似たものに「太陽熱温水器」があります。屋根に太陽光パネル付きの温水器を載せて、太陽光でお湯を沸かすものですが、ほとんど使われていない状態のものを見かけることがあります。

周辺の設備を直そうとしたら「10万、20万かかります」となって、「そんなにかかるの、じゃあいいや。もったいないからやめておこう」となり、ほとんど死に体状態のまま屋根に載っている。太陽電池も同じことになるかもしれません。

そう考えると、寿命が短くても、簡単に安く交換できる、屋根に設置しなくても手に届くところに置いて使える、という太陽電池が、普及する可能性があります。ペロブスカイト太陽電池ならこの使い方にもピッタリです。屋根置きのシリコンはそのまま使えばよいのです。

住宅にもビルにもシリコンではうまく発電できないところ、直射光が当たりにくい壁や北西の斜面はけっこうな面積がある。屋根がない集合住宅でも、ベランダ発電ということも考えられます。

こういった場所を活用し、シリコンとも共存しながら発電場所をシェアすることで、発電量を大きく増やせる。こうして、各家庭で発電すれば、街全体が分散型発電所になります。

東芝はペロブスカイト太陽電池の改良成膜法を開発し、２０２１年時点で約７００平方センチの大面積モジュールで変換効率15％を達成しています。

東芝の試算によると、15％のペロブスカイト太陽電池を東京都23区内の建物の屋上および壁面の一部に設置した場合、なんと、原子力発電所2基分（東京都23区内の家庭の年間消費電力量の3分の2に相当）の発電が見込めます。

もちろん、街だけじゃありません。地方でも過疎地でも、場所を選ばないペロブスカイト太陽電池なら、どこでも設置ＯＫです。

日本はエネルギーの自給率が12％程度で、先進国ＯＥＣＤの36ヵ国で最下位から2番目です。みんなで収穫した電力を集めて、コミュニティでシェアする時代が来れば、自給率は増えて、日本のエネルギー消費（炭酸ガス排出）も相当減る。さらに、継続的な「節電」をすることで「省エネ」にも通じる。

これからは、エネルギーは地産地消の時代でしょう。エネルギーの輸入に頼らずに、電力を自給自足できる街づくりが、日本の将来を明るくするにちがいない。

## 電気自動車から家庭内モニターまで、どこでも発電

電気自動車（ＥＶ）のボディ全部に太陽電池をつけた車が、自動車ショーに出てきました。1週間太陽光に当てていると、平均して１１０キロ走行できるということです。平均だから、晴れた日とか晴れていない日も全部入れての話です。

１週間放置すると１１０キロ走行ということは、月曜から金曜まで通勤で往復20キロ使っている人だったら、太陽光だけでまかなえてしまう。僕の通勤時間がちょうどそうです。すごいことです。

これはシリコンでの試算ですが、ペロブスカイトを使ってもいい。ペロブスカイトは軽いので、燃費はむしろよくなるでしょう。僕の試算ですが、ＥＶのボディ全部をペロブスカイト太陽電池に塗り替えたら、総充電の４分の１ぐらいまかなえるのではないでしょうか。

近年、スマートホームとかスマートグリッドなどの言葉を聞きます。ＩＴと小さな電気デバイスで家電をネットワーク化したり（ＩｏＴ：Internet of Things）、効率的な電力供給をしようとするものです。

たとえば、空調とか全部の部屋の温度部分を管理して、いかに空調をエコに使っていくか。そのために小型のセンサが必要です。全部の部屋に温度センサを設置して、その情報をBluetoothかWi-Fiで流して、効率的な温度、風向きなどを管理していく。

コロナ禍の時代では、人の密を避けることに注意を払っていましたが、密集度を測るのが小型の炭酸ガスセンサです。炭酸ガス濃度が上がれば、換気をアラートするわけです。

こうして、けっこうな数の小型デバイスが必要になってくるのですが、それを全部乾電池でやると大変なことになる。乾電池は１００円ショップでも安く買えますが、じつは製造面でたいへん環境負荷が大きく、家庭の電源から取る電力の１００倍以上の炭酸ガスを排出します。単3乾電池1本の電力は、コンセントから取れば20銭もしない程度なのです。

そこで、乾電池に替えて、ペロブスカイト太陽電池を使うのです。ペロブスカイト太陽電池を使って屋内の炭酸ガス濃度をモニターするセンサはすでに開発に成功しています。

ペロブスカイトは屋内の照明光に対して、とくに高い効率（30％以上）で発電するのが特長です。相手が太陽の光ではないので、光電変換素子といったほうがよいかもしれません。これを使って、センサなどの小型デバイスをその場で充電しながら動かす、というわけです。

屋内では、デスクに設置とか、壁にも窓にも、明かりがある限り場所を選ばずペロブスカイトを設置する考え方もあります。先ほどのＩｏＴだけでなく、スマホやＰＣなどの充電に使っていく。小型の電気機器はすべて、光で充電しながら使えるのです。

これは、電力の供給というより、環境をモニターして消費電力を下げることが目的です。大きな電力を使っているエアコンとか、ヒーターとか、その消費電力を下げることに貢献する。

生活エネルギーの供給源としてだけでなく、省エネでも活躍する。結果的には大きなエネルギー貢献になるわけです。

# 第3章

# 不本意から切り開かれた研究者人生

## ——光発電研究者までの道すじ

# 1　高校までのデコボコ道

## 遊びまくった子ども時代

小学校は3つ行きました。最初の小学校は、兵庫県西宮《にしのみや》の私立学校。仁川《にがわ》学院というハイカラなカソリックの学校でした。男女共学で制服があります。コンクリート造りで大理石をふんだんにつかった素敵な校舎でした。宗教と英語の授業が一年生からあります。英語はシスターが教え、けっこう厳しいスパルタ教育です。

いい経験をしたと思いますが、友だちと虫取りをしたり模型をつくったりと、めちゃくちゃ遊んだ楽しい思い出しかありません。

小学校3、4年のころのこと。クラスメートの女の子で、日ごろ遊ぶ時間もなくピアノの練習で忙しくしている子がいたのですが、ある日その子の母親から電話があって「娘が、明日おこなわれる学校の試験の範囲のことで困っているので、力《つとむ》君に聞いてくれませんか」と、

僕の母にいいました。母が、

「あした試験じゃないの？」

「ええ？　そうなの？」

これが僕です。遊びに夢中で、テストのことなど考えてなかった。「なんでこんなに違うんでしょう」と親を困らせるくらい、いつも遊んでいました。

プラモデルづくりが大好きで、外から帰ると夢中で潜水艦や飛行機などをつくっていました。夢中になりすぎて食事も忘れるほど。子どものころから一つのことに何時間も集中する性格でした。

母方の祖父は設計の仕事をしていたのですが、僕もマンガに出てきた潜水艦の内部を想像して、詳しい断面図を夢中で描いたりしていたのを覚えています。

それから広島の公立小学校に移ります。

父親が関西の住友銀行勤務で、いわゆる昔のモーレツ社員。最年少で支店長になって新聞に書かれたのを覚えています。帰宅はいつも夜中。年の暮れまで仕事をして、いちおう元日、2日は休むけれども、3日からもう出社です。銀行マンとしてそんなふうに仕事に打ち込んでいました。

ところが、じつは本人は、金勘定ばかりやっている銀行員は天職じゃないと思っていた。そこに、鴻池組《こうのいけぐみ》という土建会社から、住友銀行からひとり寄越してくれるかという話がきた。渡りに船とばかりに、「それっ」と父は手を挙げたんです。

鴻池組の本社は大阪ですが、「まずは地方を見てください」といわれて広島へ。僕も突然、広島市の公立小学校に通うことになりました。商店街に行くと、みんなどこかに被曝《ひばく》したケロイドの痕《あと》が残っている。学校の先生もそうでした。制服もないし、言葉も違うし、全然環境が違う。知らない世界を垣間見た気がしました。

広島には10ヵ月しかいませんでしたが、ここでは親のすすめで初めて塾に通いはじめたのです。勉強しなきゃいけない雰囲気を少しは感じはじめたころです。

3つめは千葉県の公立小学校。

親父はマネジメントの仕事で呼ばれたものですから、広島の現場の経験をしたら、もともと行くはずだった東京本社のオフィスに異動という話になって、最初に住んだところが千葉県の市川《いちかわ》市です。通ったのは市川市立の菅野小学校。

そのころ、小学生の間にもいまの進学教室のような受験塾がはやってきて、このへんから、ちょっと勉強への競争心が湧《わ》いてきました。模型づくりに熱中していた自分は理系だと感じていました。

母もどちらかというと理系で、算数の難しい問題、とくに図形の証明などを母と一緒に考えながら解くのが楽しかった。そうしたことも影響して、何かに取り組んだらコツコツじっくりやる性格になったのでしょう。

中学は千代田区の一橋《ひとつばし》中学に越境入学します。父親の会社が千代田区にあったので、当時はその住所を借りての越境入学です。この中学は受験校で、クラシックなレンガ造りの、蔦《つた》の葉がからまった雰囲気のいい校舎でした。

ちなみに、僕は大学に入るまで、住んだ家は全部社宅。ひとりっ子で兄弟がいなかったので、３ＤＫの小さいアパートで十分でした。

## 「人の1・5倍勉強しないと」という強迫観念

一橋中学に入ると、豹変《ひょうへん》して猛烈《もうれつ》に勉強を始めました。というのも、試験の順位が毎回発表される学校だったので、競争意識が出てきたのです。

その3年間はもう本当につらかった。学校から帰ったら食事と楽しみのテレビを見る1時間以外、寝るまで机に向かってずっと勉強していました。親から「勉強しろ」といわれたことがあったのは小学校だけで、中学は逆だった。「もういい加減、勉強しなくていいから。体を壊すから」といわれていました。

人が1時間でやる勉強を2時間ぐらいかけてやった。そうしないと、書いてあることを忘れてしまうんじゃないかというひどい強迫観念がありました。

1行ずつ、1章ずつ、一字一句全部覚えるのです。そんなこと、ふつうやっていられないことだから、自分でもちょっと異常だなと思っていました。

僕にはそういうノイローゼ時代があって、すごく勉強がつらかった。通学のとき、市川の駅から京成バスに乗りますが、いまでも覚えているのは、京成バスの運転手がうらやましかったことです。「このおじさんは運転をしていればいいんだ」そう思ったぐらい、つらかったです。

1学年に490名近くいて10クラスありましたが、試験をやるたびに、1位から150位までが貼り出される。僕はそれほど悪くもなくて、50位とか60位にいました。ところがそこに僕と同じ姓の宮坂君という生徒がいて、いまでも仲よくしていますが、彼がなんとトップです。そうするとどうしても意識する。

長時間勉強するつらさに毎日耐えながら、一生懸命這《は》い上がっていって、あるとき、ついに僕も1位になった。でも、人よりあまりに長い時間かけてやっているわけですから、非効率でつらいことに変わりはない。

決してそんなに聡明じゃないと自分でわかっているから、とにかく人の1・5倍、時間をつくらないといけない。それがいつも頭にあって、圧迫してくる。そんなことから、生き方が変わってしまいました。

## 「なんでこんなに受験に失敗するのか」

高校受験をして進学した高校は、早稲田大学の付属の高等学院です。滑り止めで、とりあえず受験するつもりでいた高校です。目指した高校は、ほとんど全部落ちました。

中学では上から10位以内にいたので、先生からは、「なんでこんなに受験に失敗するのかわからない。いったい何が起きたんだ?」といわれました。

自分でわかっていました。スピードや柔軟性が要求されることはできない人間だなと思っていたのです。受験の試験問題は、けっこう量がある。やっぱりスピードをこなせなかった。

結果、もうほとんど全部落ちた。これは、僕の能力の問題です。

唯一《ゆいいつ》受かったのは、都立。当時は学校群制度というものがあって、第11群は九段と日比谷と三田だったと思います。日比谷だったら行こうと思っていたのですが、九段に回されてしまった。それで、「しょうがないな」と、早稲田にしました。

その当時、受験で頑張る者たちは、高校は都立に行って大学で正々堂々と受験する、というのがふつうでした。ところが、たまたま東大の焼き討ち紛争が起こり、受験が中止になった。親も、「ああいうこともあるから、安全なエスカレーター式の学校に行ったほうがいいんじゃないか」と、警戒心《けいかい》から早稲田を勧めました。

そんないきさつもあって、一橋中からけっこう優秀な学生が付属の高等学院に行ったのですが、僕にとっては、この進学は不本意です。

## 妥協で選んだ化学の道

高校へ行くと、大きな変化がありました。早稲田高等学院は大学と同じような環境で、生徒は上履きもなくて土足で教室に入っていく。掃除のおばさんが全部掃除する。学ぶ量も半端ではなく、英語の読本なんてけっこう進みます。中学のころのスピードなんかではまったくこなせない。結局、歯車が回らなくて、もう挫折《ざせつ》です。

いちばん大きな変化は、大学と同じような自由な雰囲気です。ビシビシ、スパルタ式で厳しいのに馴染《なじ》んでいた僕には、それが肌《はだ》に合わなかった。

本当はそれに慣れなければいけなかったのです。自己管理しなきゃいけなかったのだけれど、そっちに頭を切り替えられなかった。その結果は、成績にすぐにあらわれます。

僕は入学のとき、クラスのトップの成績で入ったそうです。そう後で聞かされましたが、だんだん三十何番かまで落ちて、そこに定着してしまった。50人ほどいるクラスですから下位です。高校の先生も「いったい何が起きたのか」と親に聞いていたようです。

3年生になって、いよいよ大学進学です。付属ですから全員が早稲田に行ける。問題は希望する学科に行けるかどうか。付属の高等学院では、希望する学部を第1志望から第3志望まで書くわけです。

人気があったのは建築学科とか、電気通信学科でした。建築家になるか、エレクトロニクスの世界で活躍するか。それが当時の理系高校生の夢だったのです。

僕も本当は人気の建築学科に行きたかった。でも成績上、それは難しい。チャレンジして落ちるという嫌な思いはもうしたくない。

かくして、自分の成績を勘案して第1志望を選ぶことにします。

化学はまあまあの成績が求められていました。もちろん、成績が抜群で、「化学が好きだから行きたい」という者もいるし、「成績からしたらこのへんでしょうがないかな」と考える者もいる。

僕は特別に化学が好きというわけではなかった。かといって、第1志望に建築とは書けないしで、あえて「応用化学」と書きました。なんとなくアカデミックなにおいもするし、間口の広い「つぶし学」で、就職はいろんなところが選べるだろうという考えです。

進学した早稲田大学理工学部応用化学科で、化学への最初の一歩を踏み出しました。ところがそこで、僕は一転して優秀な大学生になってしまったのです。

## 2　大学で建築の道をあきらめ、研究者へ

### 大学でリラックス

考えてみると、付属の高校に入って、大学受験を経験しなかったということに大きな意味があったと思います。それまでパンパンに張り詰めて、脱落しそうになってやってきたのが、この期間に息抜きができていたのです。上がった波が自由さの中で落ちていって、その自由なムードが大学生活の中でよく効いてきたからです。

早稲田大学に来てみると、講義が朝から晩まであるわけじゃない。自分で講義を選べる。時間に余裕があって、スピード感もそんなにないわけです。試験などしない科目も多く、基礎実験をやってレポートは時間をかけて書けばよい。

そんな落ち着いた環境が僕にフィットして、いちおう大学では優秀でした。

ちなみに、「宮坂」という姓は信州がルーツで、父は松本の出身ですが、「宮」は諏訪神社

に由来するようです。中学の同窓にも宮坂君がいましたが、早稲田の応用化学科の同期にも宮坂君がいた。宮坂勇一郎《ゆういちろう》君、「神州一味噌」や銘酒「真澄」で有名な諏訪の宮坂醸造の息子で、のちに社長になりました。彼はどちらかというとバイオ化学なのですが、いまでも分野をこえて情報交換しています。

理工学部の応用化学科の4年では、卒業研究で高分子化学の研究室から来ないかとの声がかかり、配属になりました。この学科ではたくさんの学術論文を出して看板教授ともいわれていた土田英俊《つちだえいしゅん》教授の研究室です。大変きびしい実験系の研究室で、夜遅くまで、ときには泊まり込んで実験します。

ここで与えられたテーマは、炭酸ガス（二酸化炭素）から高分子材料（プラスチック）を合成しようとする研究です。あのころは、東大の先生も空気中の炭酸ガスを固体に換える画期的な研究をしていました。これはいまでもカーボンゼロ（脱炭素）社会に向けた研究テーマとして、世界中がチャレンジしています。

いま、地球上の大気の炭酸ガス濃度が増えて、温暖化を起こしているといわれているわけですが、工場から出る炭酸ガスをそんなふうにして固体に換えられれば夢のような技術です。

けれど、それがなかなかできない。

炭酸ガスからつくられるプラスチックの例としては、たとえばポリカーボネートがあります。ＣＤなどのプラスチックがそうで、あれが出来上がるわけです。

ところで、炭酸ガスの固定化を実際にやっているのが、植物の光合成です。この効率がとても高く、人間が今でもまねできないすごい仕組みなのです。光合成とは、葉緑素が光エネルギーを使って水を分解し、酸素をつくり、二酸化炭素を固定して有機物（グルコースなど）、つまり植物の体に換える反応です。

ですから炭酸ガスの固定化とは、光合成の人工モデル、すなわち「人工光合成」へのチャレンジです。けれども、早稲田大学の研究室は光はやっていなかったので、残念だなと思っていました。

そのころ、研究室の合宿で光の勉強会をする機会があり、そこで聞いた先輩の話がとても面白く、頭に残りました。

「熱の力は銃弾、電気の力（電圧）は手榴弾《しゅりゅうだん》、光はナパーム弾だ。ものすごいエネルギーがあって、比較にならない」と。

## 「建築の王道は意匠だ」

東大の受験に失敗して早稲田に来た人とか、入学前に猛烈に受験勉強をやってきた人は、もう大学まで来てあくせくしたくない。息抜きをして過ごしている。だからほかの大学院に行くための試験勉強を始める気力もないと思います。

一方、僕は高校で楽をして大学で気力が残っていたので、まずは大学院に進むことを考えていました。

学内推薦を使って応用化学科の大学院に進むのがふつうですが、ちょっと迷っていた部分もありました。まさかないだろうとは思いつつ、「大学院で、他の学科（専攻科）に移れるのですか」と大学に相談してみたら、「成績次第では、建築学科にも行けるよ」というのです。

「えっ⁉」と思いました。半分疑いながらも「ああ、ついに方向転換が叶《かな》うのかな」とドキドキしました。

なぜ行けるのか訊《たず》ねると、「大学院というところは、勉強する分野が非常に狭くなっていて、特化したことをやる。きみは化学だから、材料工学ということで、たとえば建築材料の研究ができるだろう」といいます。軽くて燃えない住宅用コンクリートパネルとか、そういう建築材料の研究が有望なのかな、と考えたものです。

ちらっと、建築材料を建築科でやるというのは、「ちょっと主流じゃないな」という思いもよぎったけれど、「いちおう関われればいいかな」とも思いました。

ですが、建築家の学生にはデザインの授業があって、デッサンとかを学んでいる。僕は、そういうことを全然経験していません。

親父が鴻池組だったので、「もしかしたら大学院で建築学科に移るかもしれない」と進学の話をしたら、親父は静かに「それは建築じゃない」といいました。

「建築の王道は意匠（デザイン）だ」と一言だけ、チクッといったのです。

その一言がずっと頭に残ってしまった。結局は「いや、あれは当たっているかな。設計図を描けるわけじゃないし」と納得して、長年、心の底でひそかに抱えていた建築への道を断念しました。

余談ですが、いま住んでいる自宅は、自分で間取りの図面を細かく設計したものです。積年の夢が叶った気分です。

## 光の化学をやりに東大大学院へ

じゃあ、どこにするか？　方向転換しようと決めたならば、もう徹底的にチャレンジしてやろう。そう思って、医学部の基礎医学にでも行こうかとまで考えました。

東大に医科学研究所（医科研）というのがあります。当時は、両親が最初の持ち家を構えた港区に住んでいて、医科研は自宅の近くにあったのです。医科研で植物光合成の研究や光に関わるバイオ研究ができないものか、そう思ったりして、調べたりもしました。

しかし最終的にどこにしたのかというと、やはり化学ではあるけれども、ちょっと境界領域の変わったことをやっている東大本郷の大学院に、受験の第一目標を決めました。

それが光電気化学をやっている本多健一教授の研究室です。

ここまでくると、僕の生涯の仕事と焦点《しょうてん》が合ってきていますが、当時の自分にはそんなことはわかりません。

早稲田の学部では、高分子化学という合成の研究室（いわば化学の王道）にいて、人工光合成のモデルとして炭酸ガスを高分子（ポリマー）に換えていくのがテーマでした。ただ、そこでは光は扱っていなかった。東大に行けば光がやれる。その試験勉強は僕にとっては大変でしたが、運よく合格したのです。

大学院の受験も、いまはちょっと楽になったでしょうが、そのころの東大の本郷の工学部の試験というのは、けっこう腰をすえてやらないとなりません。

科目が、理系で一般教養の数学と物理と化学がある。それから英語があって、第2外国語（僕はドイツ語）がある。それに加えて、専門化学というのがあって、自分が希望する専攻の応用化学。それを全部やらなきゃいけない。

まず数学です。僕は高校でそんなにちゃんとやっていなかった。そうしたらとんでもない問題が出るのです。本屋に行って参考書を読むと、東大の過去問は、ふつうの参考書に出ていない問題です。たとえば、共立出版（理工系専門書の出版社）の本のいちばん最後にある応用問題が東大の過去問です。とてもできないわけです。いっぱい書いたけれど、たぶん数学は1問も完璧《かんぺき》には解けていない。0点だと思う。

物理も難しい問題で、これもほとんど点が取れていなかったと思っています。化学はさすがに過去問を調べていたのでうまくできて、専門はけっこうよくできました。それで通ったのです。

でも、勉強はとても大変でした。ドイツ語は、実験をしながら単語帳をひたすら見て覚えていました。

大学院のこんな入試問題は、大学受験に全力投球して疲れきった人には、とてもじゃないけれどやる気が起きないと思います。私学では学内推薦を受けて大学院に上がれるのが普通で、早稲田にも推薦がありました。でも、僕は他大学受験ですからこれを使えません。「え、また本格的な受験？　もうたくさん」それがふつうでしょう。そこでやる気になったのは、僕にはエネルギーがまだ残っていたから。大学でリラックスしたからでしょう。

合格して大学院に進んでみたら、別世界のような雰囲気で、とても面白い。化学なんだけれども、どちらかというと科学で、合成することはなくて、特殊なセルを組み立てて装置を使って光応答を計測する仕事です。

材料は光に感じる薄膜《はくまく》で、市販の試薬を使って自分でつくります。一種のナノテクノロジーです。これは合っているなと思いました。

本郷キャンパスもすっかり気に入ってしまった。早稲田の理工はコンクリートブロックの建物ですが、本郷はクラシックなレンガ造りの校舎が木々に囲まれ、三四郎池があったり、医学部の病院もあり、広い野球場もあったりする。緑が鬱蒼《うっそう》としげっているし、いい空気だなと思いました。まさに酸欠の金魚が酸素を得たような具合です。

キャンパスの医学部の近くにアートコーヒーのカフェがあり、そこに行くのもリラックスできるときでした。いま思うと、分野をどうしようかとか何を研究すべきかと追求はしていても、僕はいつも「遊び」を求めていたのだと思います。

大学を出て、富士フイルムで仕事していたとき、出張で空いた時間ができると、よくキョロキョロしていました。上司が、「きみはカフェを探しているんだろ」と。そんな僕でした。でも、この遊び心が、これまで仕事上もいろんな接点をつくってきたと思います。

## 光のエネルギーのすごさ

これまで何度か光のエネルギーと書いてきましたが、正確には光子《こうし》のエネルギーです。光は光子（フォトン）という粒子《りゅうし》（量子《りょうし》）からできており、光子1つがその振動数に比例したエネルギーを持っています。

そのエネルギーはエレクトロンボルト（eV）という単位で表されます。エレクトロンボルトは、電子1つを1ボルト高めるのに必要なエネルギーに当たります。これは一般の電圧（V）と関係があります。

たとえば、中学校の理科で学ぶ水の電気分解がありますね。水に電気を流すと水素と酸素ができるというものですが、あのときの分解の理論電圧は1・23ボルトです。

電気など無関係に見える植物の光合成にも、実際にはまさに光のエネルギーで1・23ボルトの電圧がつくられていて、この電圧で水を分解（酸素を発生）しているのです。驚くべきは、生物系は理論電圧で分解ができること、これは人工系ではまったく不可能です。実際の工業電解では、2ボルトくらいの電圧を必要とします。

この1・23ボルトは光のエネルギーでいうと、ほぼ1マイクロメートルの波長の光子に相当しますが、この波長は目に見えない赤外線の光、すごく弱い光なのです。逆にいうと、弱い光にも大きな電圧を生むポテンシャルがあるわけです。

光というものは光子の集まりとして数えることができます。そして、光子1個が当たると、そこに何ボルトかに相当する変化が起こります。もちろん一瞬で、ほとんどが熱に換わる場合が多い。

たとえば、私たちの皮膚に日光の紫外線（波長が400ナノメートル以下）が当たったとします。そうすると3・5エレクトロンボルトの光子エネルギーが吸収されるので、そこに3ボルト以上の負荷がかかることになります。これはもう水が分解するぐらいの電圧です。

それだけ強いのですから、日光に当たりすぎると皮膚がんになったりする。まさに「日焼け」。光によって、細胞が死んでしまうわけです。

一方、光は電磁波でもあり、X線、紫外線、赤外線、マイクロ波など、波長ごとに光子のエネルギーの大きさが異なります。

可視光（約400〜800ナノメートルの波長範囲）も同じこと。波長によって紫・藍・青・緑・黄・だいだい・赤の色に分かれますが、緑の光には2・5エレクトロンボルトぐらいのエネルギーがあります。赤の光となってくると弱くなるといっても、1・8エレクトロンボルトぐらいはある。それでも乾電池の電圧よりは高い。

こんなふうに考えると、光の波長がいろいろな電池の電圧にも対応することがわかり、面白くなります。

その光のパワーをいろんな方法で形にしようというのが、光電気化学です。いま大学院の講義が始まると、僕はよく学生にこんな話をします。

「水というのは1・23ボルトで理論的には分解するけれども、これと同じ反応エネルギーを熱で与えると何℃の熱が必要ですか」

計算では、3000℃以上になる。乾電池1本の1・2とか1・5ボルトというのは、熱エネルギーにするとそんな高い温度になります。水1ccの温度を1℃上げるのに1カロリー必要ですが、水1ccに何カロリーを加えると全部が水素と酸素に分かれるか。それをやると、三千何百キロカロリーなんです。

次の質問は、「乾電池1本の1・2とか1・5ボルトは、光にするとどれくらいか」です。光に換算すると、目に見えない赤外線程度のエネルギー。暖かいと感じるぐらいの見えない光です。

前に合宿で聞いた「熱の力は鉄砲弾、電気の力（電圧）は手榴弾、光はナパーム弾」という話が、光を知れば知るほどよくわかる。光はすごいエネルギーです。その上にあるのが放射線や核エネルギーです。

いよいよ念願の光の研究に東大大学院の本多研究室で取り組むことになります。

## 夢のエネルギー「光触媒」の復活

本多健一先生といえば光触媒。本多先生はずっと光をやっていました。本多先生の研究室の上には菊池《きくち》研究室があり、菊池真一《しんいち》先生は写真化学の大御所でした。そんな関係もあって、本多先生が研究に使っていた材料は、写真の銀塩《ぎんえん》（ハロゲン化銀）の結晶でした。本多先生はとにかく光に興味があったのです。ちなみに、僕が勤めた富士フイルムの研究所長の大石さんも、この菊池研究室のＯＢです。

さて、光触媒も光エネルギーを使った技術で、本多先生と当時大学院生だった藤嶋昭先生が発見・開発したもの。つまり日本発の技術で、ペロブスカイト太陽電池の先輩といえます。

光触媒とは、光を吸収すると、他の物質に化学反応を引き起こさせる触媒機能を持つ物質のことで、代表的なのが酸化チタン。絵の具にも使う真っ白な粉末で、色素増感太陽電池でも使っている材料だと先に述べました。

光触媒の「本多－藤嶋効果」は１９７２年、僕が本多研究室に入る前に発見されました。酸化チタンを水に入れ、光を当てたら水が分解するということがわかったのです。この発見にもストーリーがあります。

電解液中の酸化チタン電極に光を当てると化学反応が起き、表面に泡が出てきます。その泡には酸素と水素が1対2で含まれていました。１９７４年の元日の朝日新聞の一面トップでこの記事が出たのです。「太陽で夢の燃料」。酸化チタンで夢の水素エネルギーが誕生したとして、大いに話題になりました。

でもその後、記者からこんな質問が来たのです。「これ、シリコン太陽電池に光を当てて、その発電で水を電気分解するのとどう違うんですか」と。

厳しい質問です。じつはシリコンのほうが何十倍もいいわけです。シリコンは可視光をほとんど満遍《まんべん》なく吸収するわけですが、酸化チタンは紫外線しか吸収しない。紫外線は太陽光のわずか数パーセントにすぎません。

結局、何が起きたかというと、酸化チタンだけを使って水素を取るのは実用性がないとなった。夢のエネルギー研究は、そこでもう座礁《ざしょう》です。

いったんは座礁した研究ですが、20年後に大復活します。それが光触媒です。エネルギーとしては使えなくても、紫外線で発生した3ボルト以上の電圧は、トイレとかの抗菌性塗料でバクテリアを殺すぐらいの力はある。抗菌性だけでなく汚れを取る効果の研究も始まったわけで、これがノーベル賞候補になってきました。

発電では、1秒間にどれぐらい電子が出なければいけないかというと、もう星の数です。10の17乗以上の電子がポンと出ないと電流にはならないわけです。

一方、光触媒では、1秒間にぽつんぽつんと少ししか電子が飛び出てこない。でも、そんな場所にバクテリアはいられないわけです。バクテリアは生息しないから、抗菌作用がある。

酸化チタンというものは半導体材料でもあり、紫外光で3・5ボルトの電圧を生じますから、そういう意味では、強力なパワーなのです。ある車のメーカーが、車のボディに酸化チタンを塗って汚れを取る運用をしようと思ったら、塗装が剝《は》げてしまったほど。

新エネルギーとしては使えない代わりに、新たな使い道に脚光が当たり、幅広い用途で実用化されるようになったのです。

## 3　学術から実業の世界へ飛び込む

### 「宮坂先生はいませんか」

本当は2年で修士課程を出たら就職しようと思っていたけれども、本多研究室での2年はすぐたってしまった。気がつくと、実験が軌道に乗って、これからまだ成果が出そうな状態でした。

どういう研究をしていたかというと、色素増感半導体に光を当てて電流を取り出すという、いまの太陽電池に近いことをやっていました。一般の方法と違うのは、光合成の人工モデルみたいな試みをしていたことです。

新鮮なホウレンソウから取った葉緑素（クロロフィル）の分子を、半導体の表面に超薄膜で被覆します。緑の色がまったく見えなくなるほどの超薄膜ですが、それに光を当てるとクロロフィル分子から電子が半導体に注入されて、回路の計測装置に電流が流れる。測定器のメーターがパッと振れるわけです。

もうおわかりのように、クロロフィルは色素（天然色素）なので、ここまでは先に説明した色素増感太陽電池と同じ原理です。色素増感セルといいます。

そして、ここから先が僕のオリジナルな研究ですが、このとき、クロロフィルに細胞膜を構成する脂質《しし》《つ》の分子を混ぜてクロロフィルの発生する電子を安定化させると、電流の発生効

**図3－1**

東大大学院時代の実験中の写真

率が大きく増加するのです。この発見は『ネイチャー』誌に受理されて論文になりました。

こんなふうに光合成のエネルギー変換の電気化学モデルを研究したのです（図3－1）。

こんな実験は誰もやっていなかったので、論文も順調に出ます。論文だけでなく、大学院生のころからいろんな雑誌に投稿もしていました。1カ月に1本ぐらい書いていたと思います。1000字ぐらいで海外の研究トピックスを紹介する短い原稿を投稿すると、採用されるのです。

あるとき、某出版社の人が大学の事務室に来て、「宮坂先生はいませんか」という。宮坂はいるけれど、宮坂先生という人はいない。

「宮坂先生はいませんよ。何の用ですか」

「いや、私は出版社ですが、こういう記事を見まして」

「ああ、宮坂。学生ね」と、そんな感じだったのです。

そのうち自然と、「せっかく東大に来たんだから、どうなるかわからないけれど、博士課程まで頑張るか」という気持ちになります。受験浪人のロスがなかったし、学費が安かったのも助かった。

あの当時の国立の学費は、私立に比べると本当に安かった。国立の1年分が私大の5カ月分です。学費は値上げされていきますが、年間1万2000円から3万円台に上がって、1、3、9と値上げされて、僕のときは、9万6000円だった。

博士課程に進んでも、せっせとクロロフィル増感セルの効率を高めて、光合成の電気化学シミュレーションという博士論文を仕上げました。

その途中では、カナダに1年弱、実験のためにケベック大学の研究室に滞在し、そこで初めてのひとり暮らしを経験しました。これは海外の学生と実験をしながら交流する貴重な時間で、研究を議論する楽しみも経験できたわけです。

指導を受けた本多先生はノーベル賞候補にもなっていました。日本国際賞を受賞し、国内の大きな賞はほとんど、文化勲章《くんしょう》まで総なめにした方です。本多先生のお祖父さんもすごい人だった。本多静六《ほんだせいろく》という有名な林業の先生で、日比谷公園や明治神宮の森も設計した人です。

本多健一先生は、結局ノーベル賞だけは取らずにお亡くなりになりました。思えば、先生は人の交流をとても大切にした方で、学生にも夜遅くまで飲み会などに付き合っていました。ある晩、遅くなって東大の正門が閉まってしまい、仕事部屋に戻るため鉄格子を乗り越えようとする先生のお尻をみんなで押して手伝ったこともあります。

その先生が、当然大学に残るものと思ったのでしょう、僕に、ポストを紹介してくれました。先生の声がかかれば可能性は十分にあったのですが、僕は、あまり大学の教員となることに関心がありませんでした。

これまで十分に大学の化学系の先生方の仕事を見てきたので、それよりも、ネクタイでオフィス街を闊歩《かっぽ》するようなビジネスマン、それにも憧れていたのです。自分でも思いますが、すごく軽薄短小。それで大学院の後に、就職することになります。

## 「部長のクビが飛ぶよ」

博士課程を終えてから、さて、どこの企業に就職するか？ そうしたら、研究成果が外にも知られてきたとき、日立製作所から、「あなたがやった人工光合成の研究を、会社でチームをつくってやりたいから来てくれ」といってきたのです。

夢みたいな話です。日立製作所というのは、東大の学生が希望する会社の中でもいちばんレベルの高いところで、しかも研究所が東京・国分寺市にある。

国分寺の恋ケ窪《こいがくぼ》にあるその研究所は、非常に学術的です。しかも、そこで大学の研究の延長を仕事としてやっていくことができるのです。自信のある分野でしたから、すごい話がきたなと思いました。

会社は「若いきみにも中心になってやってもらわなくちゃ」といっています。いきなり仕事の中核とはすごいとうれしく思う一方、責任と重みも感じていました。

そのとき僕は27歳。就職のときが近づいてくる前に、もう日立から連絡が入ってきて、具体的な計画までできてしまいました。

そこで、僕は「待てよ」と思った。企業だから稼《かせ》がなきゃいけないし、結局は商品をつくって売らなければいけない。しかし、大学の基礎研究と同じことをやっていて稼げるのかな。これは違うんじゃないかな。

それで思いきって断ったのです。入社前年の10月くらいでした。向こうは、信じられない顔をする。

「僕の本当に個人的なわがままなのですが、なかった話にしていただけませんか。申し訳ありません」と頭を下げました。先方は、「ありえない」というわけです。

「きみ、それ本気でいってるの？　部長の首が飛ぶよ」といわれました。

日立を断ったのは、やっぱり自信がなかったんだと思います。研究所、大学なら全然問題ないのだけれど、それで実用化しなきゃならんとなると、プレッシャーでした。アウトプットは商品だし、そのために大きな期待を寄せられていたのですが、それで評価されるとなると、決断できない。

あと、引け目があったのは、日立は電気会社で、僕は専門が電気ではなかった。電気会社に化《ば》け学がいくわけなので、そこでどのぐらい力を発揮できるかな、という迷いがあって、ちょっと踏ん切りがつかなかった。

でも、いま考えると、日立は物理や化学にこだわらず科学の基礎研究にも投資する会社で、ノーベル賞候補の科学者も生んでいるわけなので、僕の常識が欠けていたのです。

いろんなことが重なっての決断だったのですが、その年には、たまたま同じ応用化学の学科にもう1名、別の理由で日立を断った者がいました。日立は怒ってしまい、「もうおたくの学科からは取りません」という険悪な関係になった時期がありました。

4月から会社に行かなければならないのに、年末は近づいてくる。困った、どこにもあてがないなと思いながらも、よく考えてみると、研究室というベースがある。あてがあるとしたら、本多先生の門下の先輩が行っている会社だ。

しかも光が関わるところとなると、写真会社かな。そう考えました。あまり乗り気ではなかったけれど、富士写真フイルム（現・富士フイルム）で研究する大先輩に電話してみたわけです。そうしたら、「きみがやっている仕事に関心がある会社だよ。ちょっと人事部に会ってみろ」という。

当時は、六本木に富士フイルムのビルがあって、そこに呼ばれて行きました。ペーパー試験なんかない。面接と、あとは性格診断かなんかをやって、すぐ決まってしまいました。こうして、企業の研究者としての第一歩を踏み出しました。

## 4 新しいものにこだわった研究

### カッコ悪いなと感じた制服

僕の仕事人生が始まった富士フイルムには、ちょうど20年いました。富士フイルムは、日立に比べるとプレッシャーが少なかった。自分がやってきた同じ分野だし、エレクトロニクスの分野はないので、馴染んでいけると思いました。

小田原に近い南足柄《みなみあしがら》市が中枢《ちゅうすう》で、工場も研究所も富士フイルムの頭脳はここに結集していました。5000人もの社員がいて、非常に広い工場の敷地の中に足柄研究所がポンとある。研究所では1000人くらいが働いていました。一緒に入社した者のかなりはこの足柄に勤務が決まり、7割くらいは一流大学の修士課程以上で、博士を持っている人は3人いました。

理系の社員を採る大企業（メーカー）というのはどこもそうですが、博士号を取った者は研究所に配属され、本人の持つ専門がある程度使える開発チームに加わります。

これが大学とかいろいろな国立研究所となると、博士号は就職に必須な資格、パスポートのようなもので、持っていなければ採用の対象にもなりません。

ただ、当時の富士フイルムは制服がイケてなかった。あれは家族にはちょっと見せられない。木綿の作業服で、ベルトはなく、腰ひもで結ぶのです。女の子もこの作業ズボンをはいています。体操服のような安全帽をかぶって、ズックを履いて。研究者にその格好は必要ないのですが、同じ事業所に工員が作業していますから、差別しないための配慮でしょう。「これはどうかな」と思ったけれど、ともかくそれで仕事をしたわけです。企業では、大学とは違った格好いい環境で研究するのかと思っていたが、そこは甘いところだった。でも20年いました。

仕事のテーマは、会社の方針で上からきます。具体的なものは自分で決めるけれど、大きな方向性はあたえられます。たとえば「医療用の薬品を開発しろ」ということが部長にきて、部長がそれを細かい指示にして下の研究者に伝える。

あるいは、もっと大きくは「デジカメをやりなさい」とか、「印刷材料を開発しなさい」とか、そういう指示です。そこは容赦《ようしゃ》なく配属が決められて、異動があります。

その中で部長と話し合って、自分の希望を出していきます。研究資金が部長に流れてきて、あとは部長が全部責任を取る。

僕も、いろいろと分野を替えて、写真をやったり、バイオもやったり、あるいは電池もやったりして、なかなか恵まれた研究生活を送っていました。

## バクテリアを使ったバイオデバイス研究

富士フイルムは写真が大黒柱で、会社はこれで儲かって仕方がないという状況でした。写真のフィルムに、すごく高い収益率があるのは、3回稼ぐからです。顧客は、まず写真フィルムを買う。そして撮影した後でプリントと現像代を払う。プリントを焼き増しすればまたお金を払う。

こんなふうにして3回儲けるのですから、すごくおいしい商売です。しかも当時、競争相手は2社くらい（コダックとコニカ）しかいない。

それでかなり余裕があった。でも、写真事業だけに甘んじちゃいけないというので、思いきった新規事業をしようとなりました。

さて、何を新規事業でやっていこうかと考えたときに出てきた中のひとつが、バイオでした。化学が専門のメーカーですから、他社にない高い機能を持つ分子をいっぱい持っています。抗がん剤の研究をやっていこうとなって、バイオに強い研究者が集まりました。僕はバイオに強くはなかったけれども、いちおうドクターを持っていて、変わったことをいろいろやってきたので招集されました。

その中に、北大の薬学部からきた小山さんという方がいました。その彼が、面白い提案をしました。光に感じる、非常に珍しいタンパク質があるというのです。「バクテリオロドプシン」という感光性のタンパク質で、イスラエルの死海などに住む菌《きん》から取り出せます。

死海は、ものすごい高濃度の塩水で、ふつうの生物はいっさい棲めないところ（だから「死の海」なのです）なのに、ぬくぬくと生きている菌がいるわけです。この菌を、好塩菌《こうえん》といいます。この好塩菌は、なんと光で呼吸（生命活動）しており、光に対して非常に高機能で、いろんな特性を出します。

小山さんは僕に、「おまえ、どうだ。やる気あるか？」といってきました。抗がん剤よりは、明らかに僕に合っているなと思いました。それを使ってデバイスをつくってみようかということも、頭にありました。

しばらく話しているうちに、それをフィルム（薄膜）にして、光を当てて、どんな機能が出るかやってみようという展開になってきました。小山さんは、僕が大学で、孤軍奮闘してクロロフィルという天然色素を使ったデバイス「色素増感セル」をつくっていたことを知っていたのです。

小山さんは薬学部から来たので、なんと抗原抗体反応《こうげんこうたい》を使って、そのタンパク質を決まった方向に配向させることができました。タンパク質には機能があって、方向性があるのです。この好塩菌は光が当たると水素イオンを運搬するのですが、ちゃんと方向性があって、頭から水素イオンが入って、足から出ていく。

そこで、バクテリオロドプシンを同じ向きに配向させた膜をつくり、そこに光を当てて見てみようというダンドリになります。

それが出来上がる前でしたが、僕が大学でやっていた膜づくりの方法（ラングミュア・ブロジェット〔LB〕法）を使って、菌の細胞膜を電極に被覆して、光を当てていたら、いちおう応答があったのです。

「おお、なんか応答があるな」と思ったのですが、それは全然つまらない応答でした。光を当てるとピコッと電流計が動くけれども、すぐに元に戻ってしまうのです。

ふつうの光センサならば、光を当てている間はずっと電流が流れているわけですが、このバクテリオロドプシンのデバイスは、一瞬だけ応答して、またゼロに戻ってしまう。

## 人工網膜として使える！

最初の印象から、「これは使えないな」と思いました。しかし、よく応答を見てみると、光を切ったときに、逆方向に一瞬電流が出るのです。つまり、光のON、OFFで応答が切り替わる。気になっていろいろと周辺をよく調べてみたら、なんと動物の目の応答も似たような応答だということがわかったのです。

トンボ、カエル、それから猫。猫は高機能だけれども、強い光がバッと当たると、光が当たった瞬間強い電気応答が神経回路に走って、あとは萎《な》えてしまう。

なぜ、そうなっているのかと考えます。光が変化するということは、ものが動くということです。動物は、獲物が近づいてくる、敵が動く、つまり何かものが動くことに対して、非常に敏感なわけです。人間の目にも、じつはその性質があります。

では、なぜ人間は静止したものもよく見えているのか。その秘密は、眼球が振動しているからで、もし眼球の震《ふる》えが止まると、人間は動いているものしか見えず、トンボやカエルと同じになってしまう。

自分の専門ではないバイオ分野の文献だけれど、手を伸ばしてあれこれ調べてみたら、そういうことを知ったわけです。

「え？」と思いました。「あれ、待てよ、これは面白い！」

バクテリアがつくったこのタンパク質も、動物の目に入っているタンパク質も、じつは構造の中心を同じ光異性化分子《ひかりいせいか》（レチナール）がつくっています。だから両方ともロドプシン（視物質《しぶっしつ》）という名がついています。

目の感光性タンパクに似たバクテリアのタンパク質で、動物と同じ応答を出すデバイスができた。これは面白い。すぐに結果をまとめて、論文を投稿しました。

最初は『ネイチャー』誌に投稿したのですが、審査で落とされました。審査員の中に内容を信じない研究者がいたためです。

次に、同じ内容を『サイエンス』誌に出しました。そうすると審査員のひとりが、『ネイチャー』の審査員と同じだったのです。ところが、運がよいことに、その審査員は、「この論文を通さないと、『サイエンス』は後悔することになる。私は『ネイチャー』でこの論文を審査した者だ」と告白してきました。彼は、『ネイチャー』では前向きな意見でしたが、ほかの審査員が否定的だったので、通らなかったのです。狭い世界ですね。

この論文（「バクテリオロドプシンの人工視覚による画像検出」、１９９２年）は、すぐに通りました。世界初だったからです。僕が、自分で全部やって発見したので、僕の自信作です。

それを利用して人工網膜装置というものをつくると、動いているものも本当に見える。さっそく、僕は会社でデモをしました。画素数が256個の3センチ角ぐらいのイメージセンサをこしらえて、そこにプロジェクターで女性の顔の画像を当てるわけです。

そうすると、女性の顔が左から右に動いたとき、右から左に動いたとき、顔の輪郭《りんかく》の一部だけがセンサの画面上に現れる。つまり、動きの方向を検出するのです。

このデバイスがすごいのは、画像処理の回路などまったくなしで、「材料そのものが目に似た応答を出す」ところです。もう少し詳しく説明しましょう。

曇った日に雪の積もった富士山を写真で撮ると、雪と背景の区別がよくわからないけれど、人間の目には「ああ、雪が積もっているな」とはっきりわかります。なぜかというと、真っ白な色と曇った背景のわずかな光の違いが目ならわかるからです。

その輪郭部では、急に明るさが変わるわけで、この輪郭を強調する機能を人間は持っているのです。人間や動物の目がすごいのは、そこです。

その調整機能を「エッジ強調」といいます。エッジ強調能を動物の目は持っていますが、トンボは複眼が大きすぎて振動しないし、カエルの目はちょっと下等なので動かない。

それで、彼らはおそらく動いたものしか見えていない。トンボを捕るときに、顔の前で指をくるくる回しますね。トンボがこの動きを見て慣れてしまうと、動きに変化がない限りは安心する。それでパッと手でつかめるのです。

エッジ強調のような画像処理能力を持った光センサが回路を使わない、材料レベルでできたわけです。しかも、バクテリオロドプシンというのは非常に堅牢《けんろう》な材料なので、これは富士フイルムにぴったりの仕事です。イギリスやアメリカのメディアからも取材を受けました。

けれども、会社は「これをやって、いくら儲《もう》かるんだ」というわけです。「収益はどこから出るんだ」と。僕も、そうくるだろうとはうすうすわかってやったのですが、一生懸命に説得を試みました。

「全世界には、眼球があっても神経があっても、それを感じる色素がない患者が何十万人もいる。そこを治療する」

と主張しましたが、やはり弱いです。会社には当時、売り上げ100億以上の提案でなければ事業化の対象に取り上げない空気がありましたから。

## コツコツやる集中力

しかし、僕はこの研究の経過をとても気に入っています。これは僕の研究人生の中でもっとも熱中したテーマで、孤軍奮闘してつくり上げたものです。

光コンピュータにも応用が提案されていた感光性の天然タンパク質を、僕は発電デバイスに応用することをねらっていました。その結果、当初予想もしなかったことですが、動物の目の機能を模倣《もほう》するユニークなイメージセンサが出来上がったわけです。タンパク質を含むバクテリアを実験室で培養《ばいよう》して、複眼のようなセンサをこしらえました。

好塩菌は、ドラフトチャンバー（局所排気装置）の中で培養していました。生き物だから餌《えさ》が必要でアミノ酸の栄養をやっていると、水槽《すいそう》の中で、紫色（紫膜）の菌が増えていきます。

塩で飽和している菌を取って淡水にポンと投げ込むと、細胞がパンクします。浸透圧で、バラバラになってしまう。そのバラバラの断片（紫膜）を遠心分離機で集めて、実験サンプルにします。

この紫膜を電極に貼りつけてつくったデバイスから、視覚に似た応答が出ることがわかったら、次はデバイスをイメージセンサにして、実際に目で見たような画像を表現するデモをしなければならない。

ピクセル（画素）というものを並べます。256ピクセル。「ニゴロ」といって、16×16個並べてつくったのです。

あとは電流応答を256画素のLED表示パネルに送るための回路と配線です。電気配線を256個分、ハンダ付けするのです。秋葉原でオペアンプや抵抗などの部品を買ってきて、ひとりでコツコツやりました。子どものころの模型づくりよろしく、思わず食事も忘れて熱中していたのです。

これを見た研究部長が、あっけにとられていました。「きみ、よくこんなことをやるな」といって。

誰の手も借りず、本当にゼロから全部ひとりでやったものでした。2〜3カ月はかかったんじゃないか。その結果は、化学でなく物理系の論文（応用光学）として出版になりました。

僕は、自分でも思いますが、コツコツやる集中力がかなりあるんです。趣味の模型づくりにしても、一度ドンと集中してハマってしまうと、トイレも我慢《がまん》する。膀胱《ぼうこう》がどうにかなっちゃうぐらいまでやってしまうのです。

仕事も同じで、いまトイレに行ったら、もう仕事が止まっちゃうんじゃないかという強迫感があるのです。

そういう煩悩《ぼんのう》が僕にはいっぱいあって、中学のころから始まったノイローゼも持っているものだから、余計なブレーキがいっぱいあるのです。けれども、ブレーキが邪魔するのでアクセルが強くなる。それが逆に集中力にもつながっています。

## 異分野にまたがる面白さ

東大の大学院にいたころ、東大のOBでコダックの研究員が東大に出入りしていました。彼は、写真の超高感度感光材料をつくっていました。写真の感光材料（フィルム）には、ISOという感光度の規格があり、ISO1600とかISO3200はかなり高感度です。が、そんな比じゃなく、それを飛び越えてもうめちゃくちゃ感度が高い感光材料をつくっていました。

いったい何をやっているのか。聞いた話だと、食肉解体場に行って牛の目玉をバケツに入れて持ってくる。牛の目玉をつぶすと、中から視物質のタンパク質であるロドプシンが出る。

そのロドプシンを真っ暗な部屋でゴーグルをつけて、サンプリングし、そしてそれを材料として膜をつくる。その膜を感光材料に使う可能性を彼は研究していたのです。

そうした動物とか人間の目の中に入っているロドプシンというのは、1回光が当たると壊れてしまいます。ものすごい高感度なんだけれども、1回当たると分解してしまって、再利用できない。その代わりに、体の中でつねに合成してつくられているわけです。

それに対して、僕が人工網膜に使ったバクテリオロドプシンというのは、強い光を当てても壊れないし、光には非常に強い。

ふつう、光をガンガン当てて、80℃ぐらいの熱湯をかけると、タンパク質は変性してしまう。だから、ウイルスを殺すときには、高い温度に熱します。ところがバクテリオロドプシンは、高温に熱して紫色が消えた後で、いったん昼飯を食べに行って戻ってくると、また色が戻っている。これは化け物だなと思いました。それぐらい強い。それで僕はセンサをつくったわけです。

もしセンサに使えなかったら、抗菌はどうだろうか。湿気のあるお風呂かなんかに塗っておくと、光に感じて水素イオンが動いてpH《ペーハー》値が変わるので、そんな表面には細菌が寄りつかない。そんなことができないかな、とも思っていました。

説明が後先になりましたが、バクテリオロドプシンのセンサのあのユニークな電流応答は、pHが変化したことによる電位の変化、つまり「電気化学反応の応答」であることがわかったからです。電気化学はまさに僕の専門分野です。

この人工網膜の研究は、学際的な研究、つまりいくつかの異分野にまたがった研究の典型です。タンパク質のような生物学、そしてレチナール分子の光化学、僕の専門の電気化学、あとはセンサの装置をつくるエレクトロニクスの分野です。

生物材料のバクテリオロドプシンも、広くいえば色素のひとつです。色素を使うエレクトロニクス素子でいえば、色素増感太陽電池もそうですが、人工網膜素子も、じつは色素増感太陽電池と構造がほとんど同じなのです。

だけど、電流発生のメカニズムが異なる。ここが面白いところで、こういう違いにめぐり合ったのも異分野に手を出していたおかげです。

異分野といえば、僕の研究で唯一、光が関係していなかったのが、次に述べるリチウムイオン電池です。これは企業にいたおかげで経験できました。

さらに、これを経験していたおかげで、1つの素子の中で太陽電池の発電を同時に蓄電するような素子、光蓄電素子というものも、桐蔭横浜大学に移ってから発明しました。異分野から学んだインスピレーションに乾杯です。

# 5　立ち上げ寸前で新規事業が中止に

## 幻のリチウム電池「スタリオン」

人工網膜の研究の後に、リチウムイオン電池の研究開発に加わることになりました。開発した商品は「スタリオン」。幻《まぼろし》のリチウムイオン電池です。なぜ幻かというと、この大きな新規プロジェクトは突然中止となってしまったからです。

このリチウムイオン電池の開発で、宮城県にすでに工場までできていました。それが社長の一言で突然打ち切られた。稼働する直前で、他社から人も引き抜いて100名以上のエンジニアが集まっていました。

いま、富士フイルムが化粧品をやっているのも不思議ですけれども、なぜ写真の会社が電池に手を出したのか。それにはこんないきさつがあったのです。

ポラロイドという、インスタントカメラがあったのをご存じだと思います。写すとその場でカメラから特殊フィルムがジーッと出てくる。現像してだんだん画像がはっきりしてきます。このポラロイドの中に乾電池が入っています。現像液を押し出してジーッとフィルムを出すためです。

富士フイルムも当時、インスタントカメラを商品化していました。ところが、調べてみたら、ポラロイドの電池は自社でつくっていることがわかった。それがずいぶんショックだったようです。写真とカメラをつくる会社が、自分の会社で電池をつくっているのです。それで富士フイルムも目が開いて、電池の開発を始めたのです。

ちなみに、富士フイルムのインスタントカメラは「フォトラマ」というものですが、そのジーッといって出てくる自己現像型のインスタントフィルムをつくる部署に、僕は入社してすぐに配属され3年間いたことがあります。

さて、写真と電池です。異分野のように見えますが、じつは電池と写真とは関係があって、学術分野でいうと、ともに電気化学の分野なのです。電池も電気化学だし、写真の光が当たると現像するというのも、酸化－還元反応で電気化学です。

ついでにいうと、太陽電池のペロブスカイト材料も写真の感光材料に似ています。なぜかというと、金属のハロゲン化物の結晶だからです。ペロブスカイトは鉛を使っているけれど、写真は銀を使っています。

ともあれ、技術が似ているというので、電池までつくろうということになったわけです。1994年ごろのことでした。

「きみは電気化学をやっていたから」ということで、「富士フイルムセルテック」という子会社がつくられ、そこに異動になりました。この社名は僕が提案した名前です。セルは電池という意味、テックはテクノロジー、技術です。

これは事業化ですから、もう居直って腰をすえ、仙台の北にある大和町というところに工場を建てました。この事業化には総勢200人ぐらいの社員が関わっていました。東芝や松下電器、ソニーなどから中途採用で人も入れて、どんどん大きくなっていきます。

いよいよ商品の名前も決まった。「スタリオン」――「オス馬」「種馬」という意味らしいです。サンプル出荷も始まった。そうやって商品化寸前まで事業は進んでいきました。

ところが、「これは採算が合わない」という社長の一声で、突然パッと事業が打ち切りになったのです。生産も中止し、撤退となりました。

なんで切ったかというと、どうやら東芝の人が口にした一言が原因を語っています。富士フイルムという会社は三井系で、電気会社で仲のいいところは東芝です。東芝はカメラもつくっています。その東芝の人が、大和町の工場に見学に来たようです。

そして、帰りがけに、「いや、立派な工場ですね」とお世辞をいったその後に、ちらっと「富士さん、こんな立派な工場をつくっていいんですか」といったという。それは当たっているのです。

リチウム電池というものは、最小の経費でもってつくって、コスト競争をやらせていたものなのです。おそらく古い工場を改造したり、部品は田舎の掘っ立て小屋みたいな工場で人を雇って、安い経費でつくらせていたのです。それでやっていける分野なのに、こんな立派なものをつくって大丈夫ですか。そういう真っ当なことを、東芝の人は口にしたわけです。

## 「もうやってられない」

また、われわれは、技術的にはちょっとリスクが高いことをやっていました。このときつくっていたのはリチウムイオン二次電池、つまり充電できるタイプです。リチウム電池は、非常に危ないエネルギーの集まりで、破壊すると爆発したりする。

ですから、安全ももちろん大切ですけれども、富士フイルムセルテックは、電池の性能を上げるためにちょっと変わった製造技術でやっていた。危険というほどではありませんが、技術屋から見ると、「これで大丈夫かな」という感じもする、ちょっと変化球みたいな方法でやっていたのです。

それがトップに聞こえたのか、聞こえないのかはわからないですが、大局から見ると、それほど採算が合わない。結局は社長が、「製品は出るけれども、収益はそんなに上がらない」といって、パッと切ってしまったのです。巨大な富士フイルムだから、それができた。

でも、新しい電池をつくるために、わざわざ転職までしてきた人もいたわけです。松下電器や東芝など外から来た人たちは、怒ってしまった。みんな、「やってられない」といって辞めていきました。

辞めた10人目が僕でした。ただ、それは別の理由で、もう少し後のことです。

## 『サイエンス』に載ったリチウム電池の論文

一般の企業に行ったら、よっぽどのことをしないと論文は出ないのがふつうです。それこそ、「おまえが論文を出して、いくら儲かるのか」という話ですから。もちろん、そういっている側も、そういうコメントは意味がないことはわかっている。

特許の戦略としては、あえて論文にして公開（公知化）してしまったほうが、他社の出願を防ぐためによいという場合もあります。でも、商品にしないようなものは、理由が立ちません。

そういう場合に対しては、「いやいや、会社の評価が上がって広報につながるし、いい仕事をやれば株価も上がるかもしれません」という話をして押し切る。リチウムイオン電池の学会論文は、そうやって出しました。そういう意味では、いろいろなストーリーがありました。

多くの社員を集めて、工場を建てて、サンプル出荷まで始まっていた。それが突然ストップとなり、事業撤退となった。でも、立派な研究成果は残ったのです。僕は、これはもったいないと思った。

「どこもやっていない研究だから、論文にして技術を記録に残したい」といったら、「宮坂さん、いやね、事業が失敗した後で論文というのは、どうだろう」と否定的でした。

そこで、「いったい何のメリットがあるか」に対しては、「富士フイルムが電池をやっていたというと大きなインパクトがあるし、技術も非常にユニークなので、この際、世界のトップクラスの学術誌に出そう」といったら、合意を取ることができたのです。

本来ならば、この技術を発明して研究の中心にいた張本人が書けばいいのだけれども、英語で書かなければいけないし負担は大きい。それで、「私にやらせてください」といって全部ひとりで書きました。開発のリーダーがちゃんといましたから、本当は彼が書いたほうがよかったのだけれど。

論文は『サイエンス』誌に投稿し、文句なしに通りました。もちろん、著者は、イノベーティブに発明した人を筆頭に入れて、僕はラストです。運転士と車掌でいえば、僕が車掌ですから。

この論文は大変な注目を浴びました。このリチウム電池には誰もやっていない新素材を使ったので、そこが注目された。リチウム電池でノーベル賞を取った他社の技術では、充電材料にカーボンを使いますが、われわれは、炭素の代わりにガラス状の酸化スズを使ったのです。

スズの非結晶を使ったのがものすごくユニークで、のちに多くの大学や企業がこの技術を追試して発展させたのです。被引用件数では無機化学の部門でずっとトップになっていたほどです。僕自身の論文のなかでも、ペロブスカイト太陽電池の論文に次ぐ、被引用回数

（3200回以上）です。

また、この電池の開発では、酸化スズを新しい充電材料に使ったことで、たくさんの特許も出願しました。僕の特許もハイブリッドカーの蓄電池に使われたと聞いています。

## 後ろにいた写真という大黒柱

工場までつくり、人員を集めてサンプル出荷までして、まさにスタート寸前まで準備が完了した事業を、なぜ突然中止することができたのか。それは富士フイルムだからです。

正直儲かってしょうがなかったわけです。くり返しになりますが、フィルムを売って、現像して、また次に焼き増しして3回儲ける。それで余裕があった。

フィルムだけの一本足打法ではなく、富士フイルムでは当時、カセットテープ（磁気テープ）も売っていました。「アクシア」という名前で、タレントがCMキャラクターになったりして人気があった。でも、ものすごい数が出る割には収益になっていなかった。人件費のほうが高かったからです。

企業には、売れば売るほど損をするという商品も中にはあります。でも、やめられない。売れている製品をやめると企業イメージも下がるし、株主に対しても影響が及びます。それで、やっぱり続けざるをえない。

富士で売っていた写真以外の商品、カメラや磁気テープは、そこまでいかないにしても、経常利益としては、従業員の給料はそれで出せるけれども、プラスにはならない。経常利益を従業員の給料が全部食ってしまうのです。そういうものでも続けるのは、それができるための余裕があるからです。ものすごい収益率のいい仕事が母体にある。

写真という大黒柱がどーんと一本立っているわけです。１００億、２００億の小さな柱を切ったぐらいでは、びくともしないのです。

そういう商品は本当に珍しく、限られています。いまの電子機器であれば、すぐ中国、韓国がまねをします。いずれ、技術は逃げていってしまうのです。でも、写真は違いました。半世紀近く技術が逃げなかったのが、写真なのです。

まねができないから、写真フィルムのメーカーは、国内市場ではコダックとコニカと富士の三社くらいしかいなかった。国内では、富士とコダックがずっと競争していました。写真という大黒柱一本で、富士が息を継げたのはすごいことだと思います。あの力はなんだろうと思う。

## 特殊な技術があれば冒険もできる

富士フイルムの写真の事業というものは、たしかに化け物でした。巨大な大黒柱が一本あって、あとは小さい木が立っているみたいなものです。

デジカメの時代になって銀塩カメラはつぶれてしまいましたが、どうなるかと思ったら、ちゃんと木が立ってきた。

助けになったのはＴＡＣフィルム。

もとは写真フィルムの材料だったトリアセチルセルロース（ＴＡＣ）という、すごい技術を持っているのです。

これを引き伸ばして、パソコンの液晶ディスプレイとかスマホに貼ると、視野角補正といって横からも画像が見える。あるいは、逆にのぞき見ができない。いまは液晶パネルの部材である偏光《へんこう》板の保護膜として使われています。

このＴＡＣフィルムは富士フイルムのお家技術で、ノウハウが高くまねができない。それがものすごく売れて、一時はほぼ市場を独占していました。

でも、日本の化学産業の技術は高い。競争相手がいろいろ現れたのです。たとえば東レです。ＴＡＣでしかできないと思っていたら、なんとＰＥＴ（二軸延伸ポリエステル）フィルムでこれを成し遂げたのです。

ペロブスカイトの研究でも、基板にPETのフィルムを使っているので、東レを訪問したことがあります。「富士フイルムさんにはいやな思いをさせてしまって、すみません」と言っていました。

でも、競争相手が日本のメーカーであってまだよかったと、思いました。

富士フイルムには、インスタントカメラの「チェキ」というものもあった。昔開発して売りだしたのですが、プリクラブームのときに少し売れ、本気になって量産したのですが売れなくなった。画像の質が悪いこともあったんだろうし、ポラロイド形式のフォトラマもありましたから、本当に売れない。

もうどうしようか、事業撤退しようかと思っているところで、何が起きたかというと、東南アジアや中国で売れはじめたのです。

若い女性たちにかわいいと人気になり、国外で爆発的に売れはじめた。いまはデジカメが当たり前ですが、マニュアルでフィルムが出てくるところが、アナログ的で面白いわけです。

もうやめようかと底の底までいったけれども、急浮上してきたのです。

世の中って面白いなと思います。タイミングがあるのです。そのことは、のちにペロブスカイト太陽電池の開発でも痛感することになりました。

# 6 研究とベンチャー経営、二足のわらじをはく

## 別の世界を見たい

リチウム電池を断念した後、次に研究したのが色素増感太陽電池、同じ電池でも光が関わる太陽電池です。富士フイルムに入社するときに、僕の専門が活かせるような新しい研究を会社でやる可能性があると聞いて、入社を決めたわけですが、入社17年目くらいになってそのときが回ってきたわけです。

リチウム電池の件は、経営判断だから仕方ないとは思っていた。でも、47歳ぐらいになったときに、「ちょっと待てよ」と考えました。

「このままいくと定年までこれのくり返しだな、それでいいのか」

と疑問を持ったのです。

それでもいいのです。いい会社で、福利厚生もしっかりしていたし、まわりは気持ちのい

い人たちだったので、全然問題はなかったけれど、僕のわがままが出てきた。

ここでちょっと別世界を見たいな、と思いました。大学と大学院で研究していたものの、詳しいところまで突き詰められなかった、光に関わる学術を、もう一回やってみたいなと心が動いたのです。

営利を目的とする会社の中で、収益が上がるようなことができていなかったし、注目される目覚ましいこともできていなかった。はっきりいって、そう高い評価でもなかったということもあったでしょう。

そして、大学の公募に応募を始めました。東大とか慶応などにも応募したけれども、まあいろいろなことがあって、最終的には桐蔭横浜大学に決まったのです。これもひょんなことで、決まりました。

富士フイルムで、新規研究のテーマを図書館で探していました。そうしたら杉道夫《すぎみちお》さんという、東大の時代に僕がやっていたLB膜の研究で尊敬していた研究者（以前は国立研究所にいた方）が、桐蔭横浜大学にいることが偶然わかったのです。そのとき、こんな名前の大学があることも知らなかったので、驚きました。

杉先生に連絡をとったところ、僕をよく覚えていて、「もしチャンスがあったときには連絡するよ」ということになったわけです。それから、しばらくしてから、応募の話がきて、採用となったのです。

## 研究に必要なものだから売れる

２００1年の12月、桐蔭横浜大学の教授職を得ました。富士フイルムを辞めるにあたっては、妻は基本的に反対でした。年収が３００万円ほど減ることになるからです。ただ、定年は延びるので、トータルの収入は多くなるはずだ、時間も自由度が増えるので、家族との時間も増えるとの2点で必死に説得。

そうして、大学での研究生活のかたわら、横浜市のバックアップでペクセル・テクノロジーズ社というベンチャーを立ち上げたいきさつは、すでに述べたとおりです。

社名の「ペクセル」とは、「光電気化学セル」の英名（Photoelectrochemical Cell）から「Peccell」としたもの。光電気化学を専門に事業展開する企業であることを表します。ロゴも自分で絵を描いて決めました。

このペクセル社の起業にあたっても、ちょっとしたエピソードがあります。

大学の色素増感太陽電池の研究でも、試薬や実験材料、機器などの購入で、企業と付き合いがあります。ところがこういう実験に合った装置がほしい、と思っても、なかなかピッタリのものがないのです。

すると、大学と富士フイルムを通じて装置の購入でお付き合いしていた小さなメーカーさんが、赴任したばかりの僕が持っていた少額の資金で、僕が考案したとおりの装置をつくってくれました。

この装置は、太陽光に近い光を照らすことのできる人工の太陽光源で、どこにも売っていない手づくり品のようなものでしたが、光の質はよかったのです。

後日、同じような光源を販売する別の大手メーカーが来て、「ちょっと宮坂先生の装置の光の質を調べてもいいですか」といってきました。測ってみて、その質の高さに気づき、「いくらで買いましたか?」と聞くので、特注で安くつくったと正直に答えたところ、「うちで製作させてくれませんか」ときたのです。

それなら、自分が起業して販売すればいいんじゃないかな、と思いました。計測装置は、安く売れば他の研究者の支援にもなります。この装置も起業を後押しするきっかけになったのです。

これが現在、ペクセルの主力商品となった「ソーラーシミュレータ（疑似太陽光源）」です。太陽電池の性能を調べるには、晴れた日の太陽光が必要ですが、これがあれば太陽光を使わなくても屋内の照射装置で評価できます。太陽電池研究者には必須の道具で、なにより研究者の自分がつくったもので、使い勝手のよさには自信があります。いまは世界の研究室のかなりのところで使われています。

自分が研究でほしいと思ったものをつくれば売れる。やはりタネは研究の現場にあるものです。

ほかのロングラン商品は、「ペクトム博士の色素増感太陽電池 実験キット」。誰でも色素増感太陽電池がつくれるキットです。特別な装置を使わずに、それこそ机の上で酸化チタン膜の成膜から組み立てまで、「塗って乾かす」工程が体験できるもので、5センチ角サイズの太陽電池が2個つくれます。

完成したら、電極をつないで蛍光灯などにかざすと、付録の電子オルゴールが鳴る仕組み。1時間くらいでつくれる簡単太陽電池ですが、光発電が楽しく体験できると評判です。大学や高校の授業でも採用されているのです。

このキットは環境やエネルギーの教育を支援したい僕の希望で始めたものです。商品名ペクトムは、ペクセルのトム（私のニックネーム）です。

最近、太陽エネルギー利用への関心が高まるなか、使う人が増えていて、毎日のように注文がきます。エネルギーの面白さを身近に感じてもらえるといいですね。

ペクセルは２００４年に設立以来、おかげさまでずっと商品が売れつづけ、だいたい黒字会計です。研究に関わるものを製造・販売して、社会とダイレクトにつながれる。研究者がベンチャー企業を経営する醍醐味《だいごみ》を感じます。富士フイルムで企業人として働いてきて、知らず知らずに経営やコスト感覚を養えたことが、いま活きているのだと思います。

研究するうえで、無駄なまわり道などない。遠回りに見えても、いずれ、すべてがつながってくるのです。

# 第4章

# 未来を変える研究は意外なところに

## ——化学への誘《いざな》い

# 1　研究を社会につなげる

## 製品開発のスピード感

ペロブスカイトの太陽電池は、海外でどんどん実用化が進んでいくのに、日本ではなかなか踏み出しません。日本発の発明品なのに、どうしたことなのか。日本は、何かが足りないんじゃないか。やる気が足りないのか。組織に問題があるのか、とよく聞かれます。やる気がないのではなくて、「石橋をたたいて渡らない」という日本人の習性が、原因かもしれません。組織の問題もあるでしょう。組織の中の事業部とかでやっていると、やっぱり緊張感が足りないところがあると思います。万が一、仕事がポシャっても、会社は倒産しないと思うからでしょう。

あとは資金の問題です。資金集めで、数千万とか1億円とかお金があったところで、本当にものをつくる技術、つまり生産技術はできないわけです。本気で実用品をつくろうとなってくると、それでは足りません。僕が顧問をしている中国の企業も16億円近く投資しているし、工場を稼働するにも、ふつうは50億円以上いるのです。

そんなまとまった額となると、誰も頼れないから、会社がほとんど出さなければいけない。たまに、市とか県とかで場所を提供して支援することがあるかもしれませんが、それでも会社がかなり投資しなければいけない。その決断がやっぱり弱い。できないのです。

よくいえば、安全運転です。いつ収益を上げて回収できるかわからないし、失敗して社員の給料にひびいては困る。あれこれ考えて安全を図るので、どうしても動きが鈍くなる。そのために、日本は出遅れているのです。

海外は、そこはいい加減です。「なんとかなるさ」「とにかくスタートしよう」。そういう精神です。そこからスピード感が生まれています。ペクセル社で輸入した中国の製品も、まだ耐久性の点などで問題はある。けれど、とりあえず使えるものを工場生産してしまう彼らの馬力は大したものです。

そういうことで勝負してくるのです。パソコンのディスプレイのように、明らかに画素が飛んでしまっているとか、色がおかしいというのと違って、太陽電池はエネルギーを出すだけのものです。見てすぐにダメとわかるものとは違います。使っていくうちに効率が多少下がってきても、一定以上で発電ができるものであれば、どこかで使うユーザーがいる。まずは、市場に出そう。

日本以外の国は、そういう精神で、前向きにやってきます。僕は、つねづね相談に来られる開発担当の方々にいっています。

「ペロブスカイトは、シリコンにはできない使い方ができる。部屋の中とか、窓とか、曇った日や雨の日も、屋内でも発電できるし、机くらい大きいモジュールでも500グラムしかない。材料は安くて、しかもほとんど国内で調達できる。これ、他にありますか。なかなかないでしょう。

だったら、まずはつくりはじめて、使っていくなかで、材料をアップデートするなどして性能と耐久性を上げていく。そうやったほうがユーザーの獲得にも用途開発にもいいと思うんですけれど、どうですか」

相手は「そのとおり、そう思います」。しかし、企業の代表となると決断力がない。大企業ほど、シリコンだろうがペロブスカイトだろうが、太陽電池は収益にならないと守りを固める。

そんななか、京都にあるエネコート・テクノロジーズは、ペロブスカイト一本に懸けた事業をやっています。京都大学発のスタートアップ企業で「ペロブスカイト太陽電池で未来を創ります」と掲げています。スタートアップはやはりスピード感が大切ですから、ぜひ頑張ってもらいたいものです。

## 資金と研究に対する考え方の差

それと、先立つ資金です。それが海外から遅れているところです。一足先に製品化を始めた中国人は、桐蔭横浜大学にいた若い博士研究員です。彼が国に帰って、友人とベンチャーの計画をたてて、資金を集めて工場までつくったのです。その工場の設計図は僕も見ています。資金を投資した大企業の代表も僕に会いに来ました。まだ試作中のもの（ある意味、企業秘密です）を送ってくるのは、やっぱり、僕との信頼があるからです。

中国人の起業精神は強烈です。彼は友人とふたりで、市の助成金を獲得したり、上海の大企業をまわって協力をお願いしたりして、16億円の資金を集めたそうです。生産規模拡大にはさらに数十億いるからといって奮闘しています。

もちろん中国はいま企業の財力が大きく、資金を出す社会情勢も違いますが、日本人には、ちょっとこういう馬力がないんじゃないか。

論文自体も、日本は落ち目です。日本はトップ論文（分野ごとに他の研究者からの引用回数が上位1％以内に入る論文）の数がどんどん減っていますが、これはしょうがない。これは研究人口の差です。

海外はペロブスカイト太陽電池だけでも2万5000人から3万人の研究者がいて、日本は、いま、たぶん1000人ぐらいしかいないから、多勢に無勢です。当然、半端じゃない論文数が出てくるのです。

研究者がたくさんいても、本当に能力があって、論文の捏造《ねつぞう》や改竄《かいざん》などしていないハイレベルの研究者というのは一部です。しかし、それにしても彼我《ひが》の差が数十倍とかになってしまうと、中には必ず優れた者がいますから、日本は追い越されてしまう。日本は研究人口自体が、もしかしたらトータルで減っているかもしれません。そもそも少子化ですし、大学院の博士課程に進む者も減っている。

加えて、日本の企業では、ドクター（博士）を出ても、あんまり給料が変わりません。院卒と学部卒の違いはあるけれど、マスター（修士）とあまり変わらない。

企業側も、ドクターじゃないと、という理由があまりない。専門性はあるかもしれないが、会社がやってもらいたい仕事をいかに正確に、かつフレキシブルな頭でスピーディーにこなせるかの技術力と実行力を重視します。

そうなると、ある一定以上の能力があって、あとは適応力がある人のほうが、仕事が早いわけです。つまり、マスターで十分ということになる。

一方海外は、ドクターを持っていると、歴然と給料が違います。高い給料をもらえば責任を感じます。これだけ給料をもらっているのだから、いい結果を出さなくてはいけないという緊張感がある。能力がなければおろされる。日本と海外では、そういう差があると思います。

## 質とスピードのバランス

日本人はそれでも、やはり優れているところがあります。「石橋をたたいて渡らない」というけれど、その考えは必ずしも悪くないのです。最初に出す商品は、ほぼパーフェクトで、安全性から品質から、少なくともトップランクに入るようなものでないと商品化しない。

そう考えるのが、日本の技術のすごい点でもあります。いい加減なものは出さない。いい加減なものを出さないためには、時間がかかるわけです。石橋を隅から隅までしっかりたたく。

海外からの新商品はスピード感をもってドンと出てくるけれど、日本ほど品質が均質で良いものはないのだから、日本はリスクを抱えて急ぐ必要はない、ということもできます。しかし、その結果、スピードの点では国際間の競争に遅れが生じていることは否《いな》めません。新型の太陽電池というこの分野は、ユーザーをいち早く捕まえることが必要です。「こんなに面白くて、いいものなのか」ということがわかってもらえれば、注文も増えるわけです。日本は、そのいわゆる用途開発がうまく先行していない。

海外は、すばやくつくることによって、どんどんB to Bで商品を示してきます。使ってもらうことによって、なかにはユーザーから、「わかった、これを月産500台、1000台つくってくれ」といってくることもある。そうするとトップも、「じゃあ工場を建てよう」となるんでしょうが、日本のやり方では、そういう機会も生まれてきません。

それが「石橋をたたいて渡らない」の中身で、最初からいいものをつくってみせようと、苦心惨憺《くしんさんたん》している。会社が怖がっているのは、最初に悪いものを出すとマイナスになる、取り返しのつかないイメージダウンになるということでしょう。このあたりのバランスは、よくよく考えないといけないと思います。

## トラウマを超えて強みを伸ばす

まだ、ほかにもあります。それは、トラウマです。太陽電池ビジネスは、収益が上がらないというトラウマ。10年以上前までは、太陽電池のメーカーの上位を、日本が占めていたのですが、中国から安物攻勢を受けて転落してしまったのは有名です。

いまではもう日本の会社は影も形もありません。結局、中国からあまりにも安い太陽電池が出てきたもので、こんなんじゃやっていられないと、撤退したわけです。

海外から仕入れて、商品として売る。アクセサリーなどで付加価値をつけ、右から左に売る。そのほうが簡単で効率もいい、ということになってしまった。

企業にそういうトラウマがあるところに、「今度、新しくペロブスカイトという日本発の高効率太陽電池を開発したいのですが、どうですか」と打診する。すると何が起こるでしょうか。

社長は、「なに、ペロブスカイト？　何なんだ。わかったが、いずれにしても、太陽電池なんだな。太陽電池はうちはやらない」と、そういう反応がかえってくる。まだトラウマから自由になっていないのです。

日本は、太陽電池では、本当に痛い目に遭った企業があちこちにあるのですが、海外は違っています。なにしろ中国は成功組ですから、太陽電池にはプラスイメージがある。ヨーロッパには、そういったマイナスイメージは、日本ほどはありません。

残念ながら、日本はそういう環境があって、いまだに、なかなか決断できないのです。「これが本当に売れるのか？　売ったとしても、結局は、中国がまた安くつくってきて、過当競争になるんじゃないか？」と首を傾げてしまう。

たしかに中国のコスト攻勢は予想できる。しかし僕は、日本は、勝てると思います。高い製造のノウハウと品質、そしてとくに安全性、そういったところが日本の強みです。中国から製品を10個仕入れたとして、どうも2つは性能が低いとか、品質にばらつきがあるときに、それに対抗して品質のムラがなくて、非常にいいものが出てくれば、日本製品のほうが必ず採用されるからです。そういった商品はほかにもすでにあることに気づかれるでしょう。

やっぱり日本の製品は、ノウハウが高いと思います。それを思わせることを、テレビでやっていました。

中国は、最近人件費が上がりました。それで、中国の会社が、なんと日本に工場を建てて、日本の人間を使って製品をつくっている。小さなものですが、「日本の人件費は安い」

といってつくっています。経営者がインタビューを受けて、カタコトの日本語でしゃべっていました。

「日本でつくったら驚くべきことがあった。工場で作業している作業員が、非常に慎重に製品を見ていて、不良品を全部持ってきてくれる。これは中国ではありえない」

そういうところに、日本人の特質がよく出てきています。だから、僕は勝てると思うのです。ペロブスカイト太陽電池のように、化学の塗布工程でつくるものというのは、製造工程のノウハウが高くてまねができにくいのです。このノウハウをきちっと管理できる職場が必要です。

写真の開発がまさにそうだった。これは、とても不思議なことです。半世紀の間、他社が参入できなかったのはなぜかといえば、化学的な塗布工程でつくる写真フィルムは、塗布の処方の特別な管理が必要で、まねができなかったからです。同じことがもしペロブスカイトで起これば、日本独自のもので生き残っていけるにちがいありません。

## 日本の出番がきた

太陽電池は、いま、コモディティ商品になっています。大きな流れとして、僕の夢を話すと、とにかく日本のエネルギー依存度を減らしたい。いまは八十何パーセントあります。将来はそれをなんとか3割ぐらいまで減らす。

7割のエネルギーは全部国内で調達できるようにしなければいけないと思うのです。それに向けて、太陽電池も国産品をつくっていく。

ペロブスカイトが、ほかの太陽電池と違うのは、先にも述べたとおり、原料がほぼ全部国内で調達できるということです。それが大きな違いです。これまでは、そうではなかった。シリコンは日本にはないので、全部海外からの輸入です。ほかの太陽電池も、レアメタル(希少金属)を使いますから国産の調達が難しい。

ところが、ペロブスカイトはいまのところ、国内調達でいけます。鉛はふんだんにあるし、ヨウ素は、日本は世界第2位の生産国だし、あとは安いものばかり。じつは、プラスチックの透明導電膜のインジウムという材料が、国産品ではありません。でも、これはペロブスカイトの周辺材料なので、いつかは置き換わることができる。

そういうことを考え合わせてみると、国内調達もできて、日本の高品質のノウハウも活躍できる。まさに出番だと思うのです。

## 2 成果を出しつづける

### 論文は書くが勝ち

研究者にとって大事なことは、論文を書くことです。論文にふさわしい、誰もやっていなかったことを成し遂げる。それは特許を取ることにもつながります。こうして、大学とベンチャーの相乗効果が生まれてきます。

研究が独創的であるなら、他の研究者がそれを引用します。そうして研究のすそ野が広がり、多くの研究者が切磋《せっさ》琢磨《たくま》して、さらに深掘りした革新的な研究が進んでいきます。

2017年に、僕のペロブスカイト太陽電池に関する研究「効率的なエネルギー変換を達成するためのペロブスカイト材料の発見と応用」は、クラリベイト・アナリティクス引用栄誉賞（米国クラリベイト社が、被引用数で上位0・1％以内に入る論文を書いた研究者から選んで表彰する賞）を受けました。学術論文の被引用回数などから、ノーベル賞クラスの研究業

**図4－1**

2022年7月、イギリスのランク(Rank)財団の光エレクトロニクス委員会より、全固体ペロブスカイト太陽電池の開発で2022年ランク賞を受賞。左から2人目が著者、マイク・リー氏、そして小島陽広氏

績をあげた研究者に贈られるものです。うれしかったですね。

２０２２年には、ペロブスカイト太陽電池開発者として7人の研究者が、英国ランク賞を受賞しました。日本人としては、僕と小島君がその中に選ばれました（図4－1）。

こういうことは努力だけでは成し遂げられず、運とめぐり合わせによるものだと思っています。ペロブスカイト以外でも、これまでいくつも論文を書いてきましたが、大学や大学院だけではなく、企業人として働いていてもそのチャンスがあります。さらにいえば、趣味の世界でも論文を書いて、多くの人に読んでもらうチャンスはあるのです。

そのためには、新しいことや不思議に思った現象を面白がって、のめり込んで探求することです。

富士フイルムにいたときも、将来自分が学術の世界に戻るかもしれないから、肥やしになるような論文を仕込んでおきたいという気持ちがどこかにありました。個人的には、研究者としての這《は》い上がり欲がすごくあるので、自分がやった努力はなるべく結果として示したい。その道筋をつけようとする努力は惜《お》しみません。

頑張って論文はいくつか出したのですが、でも、企業にいてはその数はたかが知れています。最初からアカデミアに行った研究者に比べるとまったく少ない。20年間も会社にいましたから、ハンデを負っています。

大学に20年もいたら、すごい数の論文が書けるわけです。この歳《とし》になっても、大学でせっせと論文を仕込む者に比べると、僕は論文数が１００件以上少ない。いま、すごく加速して相当出していますけれど追いつかない。

## チャンスを形にする

アカデミアにいた研究者に比べると、明らかに少ない僕の論文でも、ずっと並べて眺めてみるとある傾向が見られます。

富士フイルム時代の、酸化スズを使ったリチウム電池の研究がトップ論文になったのは、たしか僕がベンチャーをつくった2004年ぐらいでしょうか。桐蔭横浜大学にきて3年目です。

化学の中では、有機と無機に分かれますが、無機材料部門のトップ論文はこれでした。カーボンを使う代わりに、誰もやっていなかったスズを使った斬新《ざんしん》さが評価されたのでしょう。「おお、影響はすごいな」と思いました。

リチウムイオン電池は、大勢が関わった研究ですが、その中で僕が思いきって音頭をとって論文にまとめて出しました。論文として研究開発の成果を記録に残さなかったら、トップ論文はおろか、その後の技術発展にも貢献できなかったでしょう。変則的な形ではありましたが、苦心して論文を書いた甲斐がありました。

これに対して、ほぼ100％僕がデバイスづくりをやったのは、人工網膜のバクテリオロドプシンです。あれはよくやったと思う。商売につながらなかったし、社内の研究は止まってしまったけれども、でもまったく誰もやっていなかった種類のデバイスを創製したので、満足している論文です。

それから、いまのペロブスカイトがあります。こうしてみると、自分の３つの大きな業績は、みな予期しない人とのつながりがきっかけで生まれたものといえます。

人工網膜のロドプシンは、好塩菌を教えてくれた人がいたからできた。ペロブスカイトは、学生だった小島君が、桐蔭横浜大学に来てくれたからできた。富士フイルムのリチウム電池は、ほかに発明者がいたわけだけれども、論文にしようと僕が発明者に提案して会社を説得したから論文になった。

「幸運の女神には前髪しかない」ということわざを聞いたことがあるでしょうか。チャンスはやってきたそのときにつかまなくてはいけない、という意味です。

幸運の女神は出会った人がつかまえやすいように髪を顔の前に垂《た》らしてあるが、後頭部には髪がないので、後ろから追いかけてつかむことはできないのだそうです。

僕の研究や論文は、そのときどきのチャンスをつかんで活かしてきた結果です。そのためにする努力は、凝《こ》り性《しょう》の僕にとっては喜び、楽しみでもあるのです。

## 人事、検分、努力を尽くして成果を待つ

インタビューで「研究の中で大切にしていることは何ですか?」と尋ねられると、僕はこんなふうに答えます。

「研究においても、生きていくうえでも大事にしているのが、『人事、検分、努力を尽くして成果を待つ』という言葉です」

「人事を尽くして天命を待つ」という故事成語がありますが、これはそれに僕の信条を加えてつくった言葉です。

「人事」というのは人とのつながりです。「検分」というのは何かをやろうとするときに徹底的に調べて、いいものを探すということです。

たとえば、実験にはとてもお金がかかります。機械や測定装置を買うのも1000万、2000万円もかかり、よいものを買えば実験データは拡充しますがキリがありません。まずは安いものでどこまで代替できるか、それを徹底的に調べてベストを尽くす。これが「検分」です。

でも自分ひとりの能力や可能性には限りがあります。そこで人とのつながりを活かす。誰

かに借りたり、中古品を提供する店をしている人を教えてもらったり、大学や企業とコラボして研究範囲を広げることもできます。これが「人事」ですね。

その二つの上に、さらに「努力」を尽くして、成果を待つ。できることはとことんやる。やり尽くすのです。

僕は宴会の会場を探すときも、本屋で旅行のガイドブックを探すときも、最初によいものが見つかっても、それで決めずにさらに徹底的に探します。

研究でも同じです。一見すると関係ないように思えることだとしても、手を伸ばせば届くものには徹底的に伸ばして、自分が納得できる努力の限りを尽くして、最終的に成果を待つ。

それで失敗したならしょうがない。でもそれをしないで失敗したら、非常に悔《くや》しい思いをする。

時間もかかり、回り道をしたりして、コストパフォーマンスは決してよくないかもしれない。でも、そうやってこれまでやってきました。

学生や若い研究者に対しては、実験の中で「あれ?」と思うような、何か引っかかることがあったら、それを無視しないで、いったん立ち止まってその原因を考えてもらいたいと思います。先を急いでそれを無視してしまうと、大きな発見を見逃してしまうことがある。

研究は楽しいことばかりではなくて、思うようにいかないことが続いたり、行く手に壁が立ちふさがったりすることがたくさんあります。それを乗り越えて、一歩一歩、階段を上っていかなければならない。

新しいことに取り組む研究では、「このやり方ではなぜかできなかった」ということを次々と経験します。「できなかった」ことがわかるのも大きな成果なのです。ときには、その積み重ねからヒントや発見が出てきます。プレッシャーも大きいと思いますが、急がないで、ゆっくりと階段を上っていってほしい。

# 3 人のつながりを大切にする

## その人のためになること

僕は、本当に運がよかったんだと思います。そういうと、「運を引き寄せたんじゃないですか」という人は多い。もちろん、自分でやれる努力はしてきましたけど、それにしても、自分でも驚くぐらい運がよかった。そのひとつが、小島君が僕の研究室に来たことです。

色素増感太陽電池の色素部分を「ペロブスカイトでやってみたい」といったのが小島君で、それがきっかけで開発が進んだということは、これまで何度もお話ししてきました。その小島君が、テレビ朝日のアナウンサー山口豊《やまぐちゆたか》さんに取材地のロンドンでいった言葉があります。

僕は、テレビの放送を見て知ったのですが、小島君は「とにかく、宮坂先生のそばについていけば必ずいいことが、いい話がくるんですよ」といったのです。テレ朝の山口さんは、「小島さんに、ビシッといわれましたよ。だから私も、宮坂さんにこれからついていこうと思います」と笑っていってくれました。

ありがたいことですが、そこまで思ってくれているとは、考えてもいなかった。僕は、そんなに小島君に綿密に指導したわけじゃないけれど、どうも彼はそういう印象を持っているらしいのです。いわれてみると、いくつか、思い当たることもあります。

そういうふうな展開になったケースを、小島君のほかにもいくつか思い出します。

「桐蔭横浜大学で、博士課程に入らないか」と誘った社会人の方がいました。彼は色素増感の共同研究をやっていて、中小企業に勤めていた人です。

広島大学で修士課程を出ているのですが、桐蔭横浜大学では社会人ドクターを募集していました。就職を世話する必要がないからで、「うちで太陽電池の材料をやってみるか」といったら、「やる」といって来ました。

彼はここでドクターを取った後、結局勤めていた会社を辞めて、新しい会社を起こしました。彼がいまでも僕に言います。「宮坂さんのところに来たことで、私の人生が変わって、新会社をつくれました」と。

その新会社は、いまペクセル社と提携していて、互いに広報活動で協力しながら売り上げを上げています。彼はペクセル社の社外取締役にもなっています。いまでは逆に僕が経営で彼から学ぶことも多く、これも幸いだったと感じます。

桐蔭横浜大の仕事では、私が採用した若手研究者に助けられました。池上和志博士は、先述のとおり手島さんと一緒にペクセルに入社したのですが、僕の勧めで桐蔭横浜大に移ったのです。そうしたら、大学での仕事をしっかり支えてくれる人になりました。

もうひとりは、石井あゆみ博士です。ソニーを辞めて私のグループに来たのですが、彼女はペロブスカイトを太陽電池のほかに、高感度の光センサに応用することに成功したのです。石井さんは、この縁でなんと、最終的に私の母校の早稲田大学に就職が決まりました。

## 学生に学会発表をさせる理由

でも、僕は、人のつながり、人脈というものを戦略的に考えてやっているわけじゃないのです。軽い気持ちでやっている。「そこもやっぱり寛容さですよ」といわれたりしますが、むしろ、自分としてはサービス精神が強いとでもいうのでしょうか、どんな場であっても、とにかくその場にいる人たちを活気づけたい、楽しんでもらいたいのです。

学生に対しても同じです。学会発表には海外にも学生を連れていくので、珍しいといわれました。国立大学の九州工業大学の先生が、「宮坂さん、よく連れてきますね。すごいと思いますよ」。でも、自分ではそんなにすごいことだとは思わなかった。

いまの時代は、学生が出張して発表するときは、教員の研究費などから出張費が出せます。教員が学生を励まして発表させ、経費を負担する、それができるようになっています。でも僕が学生のころは出張費が出ませんでした。

そこで、学生だった僕は自費で学会に行って、発表をしたことが何度かありました。自分で費用を出してでも発表をしたかったからです。

学会での発表だけでなく、自分がものをつくったり論文を書いたりして、それを人に見てもらうことは、すごくうれしかった。そこからカンバセーションやコミュニケーションが始まって、世界が広がったと思います。

そんなわけで、「海外で、偉い先生たちもいる前で発表する。そういう達成感を味わってほしかったから連れてきたんですよ」といったら、「なかなかできないですよ」といわれました。

僕にとっては、学生が喜ぶ姿を見るのがうれしいのです。

自分もそうだったから、学生にも、研究活動ってこんなに楽しいんだ、いろんな人と話ができるんだ、という楽しさを味わってほしい。ぜひそういう体験をさせたいと思って、連れていくのです。

学会発表だけじゃなくて、飲み会にも連れていくし、有名な先生の隣に座らせて話をさせたりもします。いつもこういっていました。

「物怖《ものお》じしなくていいんだよ、きみがやっていることは、あの有名な先生でもわからないんだよ」

「きみがいちばん知っているんだ。だから自信を持って話せばいいんだよ」

ペロブスカイト太陽電池なんて、どこでもやっていない。授業でもやっていないし、まったく新しい分野なんです。みんなゼロからのスタートです。だから「自分は知識がないとか、自分はあれがないからできないという劣等感は持たなくていいんだよ」というのです。

小島君は、ちょっと引っ込み思案なところがありましたが、自分の成果を学会で発表することには積極的でした。ですから、彼はいま、大きな会社にいて、立派に仕事をやっています。

おとなしいタイプであることは変わりなく、ペロブスカイトを紹介したＮＨＫの『サイエンスＺＥＲＯ』のディレクターが、「小島君に顔出しでインタビューしたい」といったのですが、シャイなせいか、結局、声だけの出演になっていました。

個性というものは面白いものです。それを変える必要はないし、そのままやっていけばいい。

## やる気のある学生はプッシュする

ローザンヌに送った村上君は、こちらでモチベートしなくても、自分で動く人でした。優秀な学生だけれど、弱小大学で博士号を取ってもアカデミアでは就職になかなか苦労する。だから、彼みたいなやる気のある優秀な人をプッシュするためにも、「何かしなきゃいけないな」と考えていました。

それで、「グレッツェル教授のところにポスドクに行ってみてはどうか」といったのです。これには下心もあって、向こうで彼が成功すれば、うちとグレッツェル研との関係もできます。そういう研究の縁をつなげることは、いつもちらちら考えています。

村上君は、小島君とは逆で、バンバン前に出ていく。高いレベルにチャレンジしたいという姿勢がもともとあるのです。彼は、この大学でも異質な存在でした。ほかにも2人か3人、いい意味で異質な人がいました。

村上君は、大学院のころにすでに教員の科学研究費のことも知っていて、「先生の研究では科研費をとるのですか」とかいっていたから、「すごいませているな」と思いました。彼はなんと、高校のころに学会でポスター発表までしていたようです。

高校生時代に、昆虫かなにかの研究でポスター発表したのがきっかけで、そういったアカデミアに興味を持って、迷わずドクターコースに行ったのです。海外からお客さんが来ても、どんどん英語でしゃべります。つたない英語だけども、とにかく話しかける。そういう楽しい人のまわりには、自然と人が集まるものです。

明るくて、交流会、飲み会にもすぐやってくるし、彼をローザンヌに送れば、またいい交流、関係をつくるにちがいないと思ったのです。せっかくあれだけ頑張っているから、いい就職をしてほしいとも思いました。

村上君はローザンヌから戻ると、まずは母校の桐蔭横浜大学で講師の職を得ました。次に、研究に専念できる産業総合研究所のポストにチャレンジしようとしていました。

あるとき、村上君を知っている東京大学の瀬川浩司先生から、村上君にポストを用意できるという話がありました。僕も賛成して推したのだけど、彼は断ってしまった。「大学は、雑用が多くて研究ができないから」といって、つくばの産業総合研究所に行くことを決めました。彼は、いま、産総研で力を出してペロブスカイト太陽電池のチームリーダーになっています。

## 悪い人間関係はつくらない

僕は、研究者よりももしかしたら営業に向いていたかもしれない。高校のときにそういわれて、いまでもそうかなと思います。企画とか、どうやって相手とやっていくかというところは、得意分野かもしれない。あとは話術です。いつも気を遣っているので、向いているかなと思うときはあります。

「きみは営業に向いているね」といわれたのは、たしか高校の修学旅行の電車の中だった。高校の先生と対面でリラックスして話ができるのは、そういうときだけでしょう。先生は、僕がしゃべるいろんな話を聞いていて、僕の性格を感じとったのでしょう。でも、そのときはあまりいい気持ちはしなかった、僕は理系でしたから。

話術がうまいだけでは心の通った交流はできません。あとは、やっぱりマナーと気配りでしょう。いまでも、自分の親戚とかにはよくいっています。「社会人になって、いろいろと不愉快なこともあるかもしれないけども、マナーと気配りはいつも考えなきゃだめだよ」と。

相手がどういう立場にいるかを、考えて接する。それがもう高校のときからあったのでしょう。人間関係が得意というか、悪い人間関係はつくりたくないなと思っていましたから。

富士フイルムのころにもいわれました。研究所には、研究開発をする人間のいる部署と、特許を出すときの法務部があります。僕は主任研究員でしたから、法務部に原稿を出すとき、向こうは平社員でこっちは課長です。だけど、ガンガンいわれるわけです。

僕が「すみません。それではこうします」と話していたら、上司の部長が隣に座っていて、「宮坂、よく我慢《がまん》できるね。俺だったら、いまのでブチ切れてるよ。きみ、よくあれだけ対応できるね」といわれたことがありました。

法務部というところは、ある意味でお役所みたいなものです。お役所だったら、たとえ有名人が来ようが、会社の社長が来ようが、担当者が「これは受けつけられません」と、ガンといいます。

会社にもそういうところがあって、法務部は法務部でやっぱりエキスパートがいて、自信を持っている。だから、年下の者から「こういう書き方では、うちは受けられませんし、直してください」と遠慮なくいわれます。

部長は、「おまえ、よくそこまで忍耐して対応できるな。俺はとてもできない」といったけれど、僕はべつに我慢でもないし、そんなに苦痛じゃないのです。いまでもそうです。研究者というものは、頭が硬くて、わがままで、そういう人が伸びていくといわれます。みなさん、自分が強い人ばかりです。僕は、どっちかというと、バランスを取っていくところがあって、そう自分というものが強いわけではありません。

## 人の交流から思わぬ展開が生まれる

僕についていくと「いいことがある」といったのは小島君ですが、その話を聞いたとき、田中さんという方を思い出しました。英国のエジンバラ大学の博士課程にいる女性の研究者から、突然メールが入ってきて、「大学からもし奨学金が取れれば、短期間日本に来て、宮坂先生のところで研究の研修を受けたい」といいます。

その田中さんの指導教官が、ペロブスカイトも研究していることがわかったので、「いいですよ、奨学金が取れたらいらっしゃい」と答えました。僕としては、ダイバーシティでいろんな人を入れて、研究の雰囲気を明るくしていきたいと考えた。

無事に奨学金も出て、田中さんがやってきました。寡黙《かもく》な女性でしたが、実験を真面目にやっています。僕はみんなで楽しむのが好きで、研究室の飲み会など、8割方は僕が設定します。「ちょっと今日行こうか」という形で、毎回いい出すのはほとんど僕。

新しいメンバーが来たので、下北沢でちょっと飲み会をするか、と誘ったわけです。話をしていたら、彼女は、将来どういう方向に進むか、いま悩んでいる、できれば研究を続けたい、といいます。「大学に行きたいの？」と聞くと「そうですね。可能性があれば大学や研究所に行きたい」といいます。

企業ならアテがあるんだけどな、と思いつつ、ふと、「あなた、趣味は？」とたずねました。僕が自分の音楽の趣味を話したところ、「私も音楽をやっています」という。「私は、オーボエを吹く」と。英国でも、オーボエでアマチュアオーケストラに入っていたそうです。「それだったら、ちょうどいい。化学者が集まる化学オーケストラというところで練習会があるから来てみたら」と話しました。

「行ってみたいけど、私はいま楽器がないんです」といいます。僕は、すぐに化学オーケストラのフルートを吹く女性を思い浮かべました。その女性は、かつてペクセル社でも仕事をやっていたことがある研究者で、じつは僕が早稲田で講義を受けていた教授のお孫さんです。「きみ、たしか昔オーボエをやっていて、いまフルートに乗り換えちゃったから、楽器が余っていないかね」といったら、「あります」という返事。これこれこうで、と事情を話したら、「じゃあ、私の楽器を貸します」となり、話がトントン進んで、楽器を借りた田中さんは、そのオーボエを練習会に持ってきて吹きました。

と、ここまでは、まあよくある話かもしれませんが、その後がある。都内での公演が終わった後のことです。どこかのバーに行って、飲み会をしました。これには田中さんも来たのですが、そこに三菱ケミカルの女性の取締役も来ていました。

その方もすごい女性なんです。女性で執行役員をつとめる人で、活躍する女性として新聞にも出た方です。僕が田中さんを紹介したら、ふたりでなにやら話している。三菱ケミカルは、桐蔭横浜大学のすぐ近くに研究所があるのですが、どうも就職のことを話しているらしい。「あ、この話、いいんじゃないの」と思ったのですが、ひとつ気になることがありました。

それで、飲み会の後で田中さんにいいました。「三菱ケミカルにはこれまでにも紹介した人がいたんだけど、あれだけ大きい企業になると、人事部との面談が入ってくるからなかなか難しいよ」と。

彼女は、その執行役員と話したことで仲よくなって、その後、面接を受けることになりました。僕は「頑張って」と送り出しましたが、面接が終わると、なんと就職が決まってしまった。いままで2人紹介したけどうまくいかなかったのにです。あとで彼女の面接を担当した研究所のメンバーに聞いてみました。

田中さんは、日本から英国に行って英語も堪能《たんのう》。慶応の大学院にも行っているし、向こうでも大学院に行って、化学以外も経験していた。三菱ケミカルではまさにそういうキャリアの研究者がほしかったから、という話でした。

最初の飲み会に田中さんを呼んだことがきっかけに、さまざまな流れが生まれてきて、就職まで決まってしまったのですから、これもすごいなと思います。

やはり、人と人の交流の場があると、新たな展開が開け、思いがけず人生まで決まったりする。みんなで楽しめる交流会を開くのが好きな僕には、そういうケースがよく起こるのです。

## 人の交流が研究の道を拓く

これまで何度か触れてきた中国のペロブスカイト太陽電池の会社とは、もともと僕の研究室にいた若い研究者が帰国して、友人といっしょにつくったベンチャー企業です。僕は技術顧問をやっています。

その若い研究者というのは、李鑫《リシン》博士です。僕が若手研究者をリクルートしていたとき、名古屋大学で博士号を取ってから中国の清華大学の教授になった林紅《リンホー》さんと国際会議で会うと、ポストを探している彼を紹介してくれました。

李君は僕のところに1年くらいいたのですが、正直なところ、目立った成果が出ていませんでした。ところが、ペロブスカイト太陽電池を実用化したいという希望が強くて、母国に帰ってから、ベンチャー企業を起こす若いパートナーとめぐり会ったのです。

そうした熱意の結果、新会社（大正微納科技）を起こし、しなやかなプラスチック製の大面積ペロブスカイトモジュール（103ページ図2－10参照）の実用化に成功したのです。

すごかったのは、ふたりで投資家を探し当てて工場まで建てるのを実現したことです。工場建設の図面を見せられたときは、その本気度の強さに驚きました。その後、中国政府の支援が断たれる修羅場《しゅらば》があったのですが、なんとか乗り越えて工場が出来上がり、生産が始まったのが、2022年7月のことです。

これも、人の交流の成果です。新技術の実用化とは、技術的な問題をクリアすれば可能というわけではありません。僕や経営パートナー、さまざまな人との出会いがペロブスカイト太陽電池の実用化として結実したのです。

日本でも企業がペロブスカイトの試作をしていますが、それは大きな企業の一事業部の動きです。かたや、彼らの企業はペロブスカイト一本ですから、果敢なチャレンジだと思います。

## 4　挑戦する気持ちを枯らさない

### 音楽教室の縁

人の交流って面白いなと思います。2022年8月、少子化対策担当大臣になった衆議院議員の小倉將信《おぐらまさのぶ》さんは、僕がいま通っている音楽教室で、ピアノを習っていた生徒だったのです。ペロブスカイトが有名になったときに、僕がレッスンに行くと、小倉さんの秘書が「議員が宮坂さんと会いたがっている」といって待っています。

僕は、趣味でバイオリンを習っているのですが、「いや、私は政治や政党にはあまりかかわりたくないから」といったら、「今度、大臣になりました。いま、内閣のエネルギー政策について意見を出してほしい」といいます。

まだ実用化が始まってないのに、ペロブスカイトという言葉が、いまや国会や地方議会の答弁にも出てくるようになった。予想外の展開ですが、やっぱり趣味でも、分野を大きく超えて人はつながるものだなと思いました。

## 20年以上調査したバイオリンの論文を投稿

人間関係を広げる趣味は、楽しんでこそのものですが、僕の場合は、どうもそこにとどまれない。いまでも、自分をスキルアップしたいという好奇心が、けっこうあるのです。

僕は、バイオリンでも英語で論文を投稿しています。イギリスに1890年創刊という大変に歴史のあるクラシック専門誌『The Strad』があります。弦楽器に特化した雑誌で、いろんな論文や音楽のエピソードが載っています。これにも3回、バイオリンの論文を投稿しています（図4－2）。

特別な審査はないのですが、どこの誰が投稿したのかは、相手は見るでしょう。2回ぐらい論文を出しておけばいちおうキャリアがつくだろうし、とくに3回目の論文は、絶対に出したかったものです。

19世紀のイタリアのトリノに、プレッセンダというバイオリン製作者がいました。彼が僕の研究の対象です。プレッセンダがつくった楽器は、音もよく、作風もいろいろ特徴があって、高価なので偽物もけっこうある。将来ストラディバリウスに取って代わるといわれてい

## 図4－2

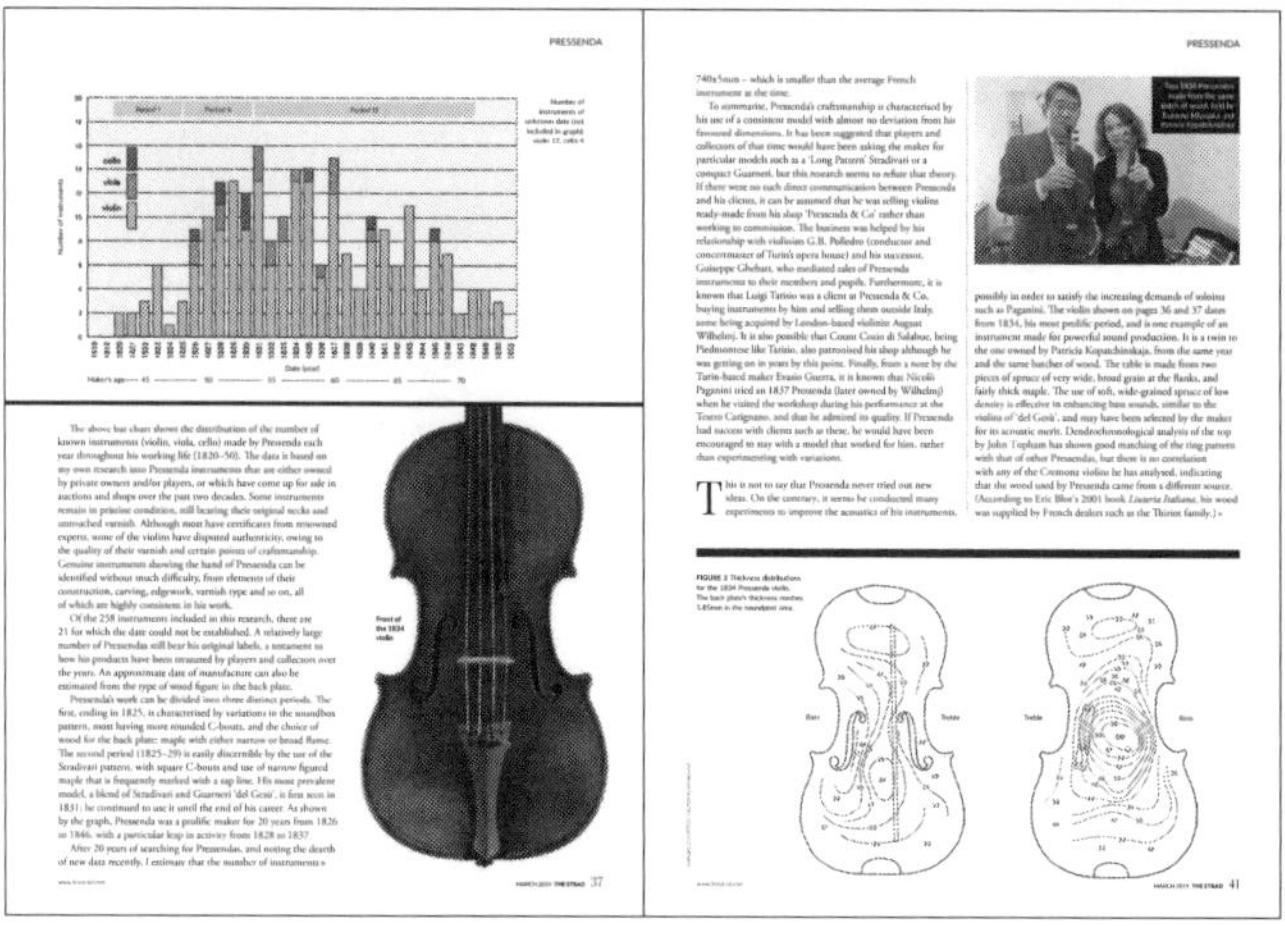
PRESSENDA

The above bar chart shows the distribution of the number of known instruments (violin, viola, cello) made by Pressenda each year throughout his working life (1820–50). The data is based on my own research into Pressenda instruments that are either owned by private owners and/or players, or which have come up for sale in auctions and shops over the past two decades. Some instruments remain in pristine condition, still bearing their original necks and untouched varnish. Although most have certificates from renowned experts, some of the violins have disputed authenticity, owing to the quality of their varnish and certain points of craftsmanship. Genuine instruments showing the hand of Pressenda can be identified without much difficulty, from elements of their construction, carving, edgework, varnish type and so on, all of which are highly consistent in his work.

Of the 258 instruments included in this research, there are 21 for which the date could not be established. A relatively large number of Pressendas still bear his original labels, a testament to how his products have been treasured by players and collectors over the years. An approximate date of manufacture can also be estimated from the type of wood figure in the back plate.

Pressenda's work can be divided into three distinct periods. The first, ending in 1825, is characterised by variations in the soundbox pattern, most having more rounded C-bouts, and the choice of wood for the back plate: maple with either narrow or broad flame. The second period (1825–29) is easily discernible by the use of the Stradivari pattern, with square C-bouts and use of narrow figured maple that is frequently marked with a sap line. His most prevalent model, a blend of Stradivari and Guarneri 'del Gesù', is first seen in 1831; he continued to use it until the end of his career. As shown by the graph, Pressenda was a prolific maker for 20 years from 1826 to 1846, with a particular leap in activity from 1828 to 1837.

After 20 years of searching for Pressendas, and noting the dearth of new data recently, I estimate that the number of instruments »

Front of the 1834 violin

MARCH 2019 THE STRAD 37

PRESSENDA

740x5mm – which is smaller than the average French instrument at the time.

To summarise, Pressenda's craftsmanship is characterised by his use of a consistent model with almost no deviation from his favoured dimensions. It has been suggested that players and collectors of that time would have been asking the maker for particular models such as a 'Long Pattern' Stradivari or a compact Guarneri, but this research seems to refute that theory. If there were no such direct communication between Pressenda and his clients, it can be assumed that he was selling violins ready-made from his shop 'Pressenda & Co' rather than working to commission. The business was helped by his relationship with violinists G.B. Polledro (conductor and concertmaster of Turin's opera house) and his successor, Guiseppe Ghebart, who mediated sales of Pressenda instruments to their members and pupils. Furthermore, it is known that Luigi Tarisio was a client at Pressenda & Co, buying instruments by him and selling them outside Italy, some being acquired by London-based violinist August Wilhelmj. It is also possible that Count Cozio di Salabue, being Piedmontese like Tarisio, also patronised his shop although he was getting on in years by this point. Finally, from a note by the Turin-based maker Erasio Guerra, it is known that Nicolò Paganini tried an 1837 Pressenda (later owned by Wilhelmj) when he visited the workshop during his performance at the Teatro Carignano, and that he admired its quality. If Pressenda had success with clients such as these, he would have been encouraged to stay with a model that worked for him, rather than experimenting with variations.

This is not to say that Pressenda never tried out new ideas. On the contrary, it seems he conducted many experiments to improve the acoustics of his instruments, possibly in order to satisfy the increasing demands of soloists such as Paganini. The violin shown on pages 36 and 37 dates from 1834, his most prolific period, and is one example of an instrument made for powerful sound production. It is a twin to the one owned by Patricia Kopatchinskaja, from the same year and the same batches of wood. The table is made from two pieces of spruce of very wide, broad grain at the flanks, and fairly thick maple. The use of soft, wide-grained spruce of low density is effective in enhancing bass sounds, similar to the violins of 'del Gesù', and may have been selected by the maker for its acoustic merit. Dendrochronological analysis of the top by John Topham has shown good matching of the ring pattern with that of other Pressendas, but there is no correlation with any of the Cremona violins he has analysed, indicating that the wood used by Pressenda came from a different source. (According to Eric Blot's 2001 book *Liuteria Italiana*, his wood was supplied by French dealers such as the Thiriot family.) »

FIGURE 2 Thickness distributions for the 1834 Pressenda violin. The back plate's thickness reaches 5.85mm in the soundpost area

MARCH 2019 THE STRAD 41

イギリスの老舗音楽雑誌『The Strad』に掲載された、バイオリン製作者プレッセンダについての論文（2019年）

る名器です。

20年以上かけた僕の調査で、プレッセンダが製作を始めた１８２０年ころから亡くなる１８５４年までに、１年に何本つくっていたか、バイオリンとビオラとチェロ、その全部（約３００台）についてカウントして製作活動をグラフ化しました。オークションなどのデータも取り、また実際に使っている人のところに行って、楽器の写真を撮り、寸法データなども調べてきました。

構造も調べました。使っている板の厚みの分布です。等圧線のように、厚みの変化を自分で測って記録します。楽器店に行って、修理のために板を開いた楽器は大きなチャンスで、工房で使っている道具を借りて厚み分布を測りました。

寸法の特徴からわかったのは、楽器の縦、横、高さのサイズ。それが、きわめて狭い範囲に入っていて、逆にいうと、この寸法からはずれたものは、鑑定したときにはノーになる。

作家の自筆ラベルの字の書き方も含め、徹底解剖して、ここはこうだ、これはこうだというのを全部データ化しています。ふだんは見えない楽器の中を歯科用ミラーを使って見たときに、コーナーに、作家の残したナイフの跡など製作の癖も見つかりました。なぜ残ったかということも予測しました。

有名なバイオリンとなると、けっこう本物に当たるのが大変なのです。これだけ深くデータを持っているのに、先に誰かに書かれたらもうアウトです。だから、必死に書きました。僕は音楽の専門家じゃないけれど、他人《ひと》にこのことを書かれちゃ非常に悔しいのです。

これは趣味というか、でもやっぱり研究です。趣味だけど、他人にやられたくない。自分が最初に出したい。この専門誌は1890年から刊行されていますが、日本人でこれまで投稿したのは、おそらく僕だけです。

僕よりも、スキルとか鑑定能力がある職人は日本に必ずいます。でもおそらく英語で論文は書けない。僕は日ごろ論文を書き慣れているから、ずるいのですが書けます。そうはいっても、お手のものというわけじゃない。やっぱり芸術用語とかあって、化学では使わない言葉ですから、そのへんは大変苦労した。

僕の宿痾《しゅくあ》である神経症は、やっぱりあります。早くこれを出さなきゃいけないという思いで、必死です。必死でつらいけれども、でも取り組みたい。個人的目標として、この研究課題をしっかり持っていたし、写真もたくさん撮っていましたから。なんとかして、他人より先に形にしたいという気持ちがすごく強いのです。

趣味でやっている人間が、ここまで自分を追い込んで、論文まで書くというのは、やっぱり異例かもしれない。

## 超絶技巧曲を弾きたい

色素増感のグレッツェル教授も音楽を好むので、個人的に親しい付き合いをしていました。いっしょに合奏までしました。グレッツェルさんは、ピアノをやっていて、モーツァルトやベートーベンとかを弾くのです。

北海道のニセコで研究会議があったときに、僕がバイオリンを弾いて、ふたりでちょっと演奏したのです。電子ピアノがあったのですが、グレッツェルは暗譜でソナタを披露《ひろう》していましたね。

また、僕は、メンデルスゾーンのバイオリン協奏曲、これを習っている音楽教室の発表会で弾きました。その録画を思いきってユーチューブで公開しました。ここにも性格が出てしまうのか、けっこう難曲にチャレンジしています。家族は「そんな難しい曲をやらなくていいから、もっと易しい曲を丁寧に弾いてはどうか」といいます。

ですが、僕としては、いつまで弾けるかわからないから、いまのうちに難しいものをやりたいのです。いまやっているのはヴィエニャフスキー（ポーランドの作曲家）の超絶技巧曲「スケルツォ・タランテラ」です。そういうと、知っている人はみんな「えっ？」と驚きますが。

この前、自分のやっているものはどれぐらい難しいといわれているのか、ネットで調べてみました。バイオリンの超難曲の上から何番目かにありました。自分でいうのも何ですが、けっこう頑張ってしまうほうです。やっぱり挑戦するのが好きなんでしょう。

## 挑戦せずにはいられない

僕の入っていたアマチュア交響楽団の指揮者の長野《ながの》力哉《りきや》先生（故人）が、ブルックナー交響楽団も始めてメンバーを招集しました。その海外演奏旅行に参加してウィーンまで行ったこともあります。僕は古典派ばかり演奏してきて、ブルックナーやマーラーは未経験だったのですが、この機会に一度やってみようと、いきなりウィーンへ行ったのです。

演奏場所は、なんとブルックナーが住んでいて作曲していたザンクトフローリアン修道院です。運よく、日本のオーケストラでここを使えたのは僕たちが初めてということでした。

ここでブルックナー交響曲8番を弾いたときに、僕の隣でバイオリンを弾いていた女性がいました。あるとき、コンサートマスターからメールが来て、「××さんが発表会をするから」というので見たら、あの隣に座っていた女性が、メンデルスゾーンのバイオリン協奏曲をやっていたのです。

「えー！　あのときの人が」と思って、自分も挑戦したい心が湧《わ》いてきた。じゃあ、僕もできなきゃいけないよな、と思いました。

また、次男の妻も趣味でバイオリンをやっていて、サントリーホールの小ホールで発表会がありました。彼女の演奏した前だったか後だったかに、ＯＬとおぼしき30代半ばぐらいの女性が出てきて、「スケルツォ・タランテラ」を弾いたのです。

本当に弾けるのかな、形だけじゃないか、と思っていたら、テンポは速くなかったけれども、ちゃんと弾いていたのです。それが、僕にグサッときた。「こんな曲が弾けるんだ」と思って、また競争心が湧いてきました。

その後、「彼女もうまかったけど、その後で中学生くらいの女の子が同じ曲を弾いたら、そっちのほうがずっとうまかった。音楽教室からビデオを送ってきましたよ」と聞いて、見たらもうびっくりです。プロ級にうまい。

それで、さらに競争心が湧いてきた。「よし、やるかな」と思って、音楽教室に行きました。先生に「この曲をやろうかと思っているんですが」といったら、「ああ、いいんじゃないの。あなたなら頑張ればできるわよ」といわれて、いま挑戦しているというわけです。だいたい譜読みが終わって、なんとか弾けるようになってきました。

ただ、僕はソロの発表会ではすごく緊張をします。研究の講演で緊張することはないのですが、演奏は逆です。舞台で誰も助けてくれません。本当にストレスが大変です。

バイオリンは、大学院生のときからやっているから、もう40年になります。じつは、最近のいちばんのストレスが、日課のバイオリンの練習です。毎朝、出勤前に30分はやる。「これから練習だ」と思うと、自然と体が反応して、トイレに行くことも……。

毎朝、自分を追い込むのですが、欠かさずにトレーニングとかエクササイズをしないといけない、という強迫症のような思いがあるのです。そのため、毎朝の練習のうちの9割は基礎練習で、やろうとしている曲ではありません。

本当は曲を弾かなきゃいけない。オーケストラの曲とかすごく難しいですから、本当はそれをしなきゃいけないのですが、その手前の基礎練習に時間を取られてしまう。

たとえばジョギングする前に、準備体操をやって、スクワットをやったらいいといいますが、それだけに時間がかかってしまうようなイメージです。僕の場合は、コツコツやる性分のせいか、7割か、どうかすると9割が基礎練習です。

研究は違います。研究は、もっとリラックスする。

体操もそうでしょうが、演奏のように体を動かすものってすぐ欠点がわかってしまいます。どこが弱いとか、失敗したとか、転倒してしまうとか。でも、研究はデスクワークで、時間をうんとかけていい。研究では、僕は不思議なことに疲れないのです。

# 5 化学は暮らしの中で役に立つ

## 生活の知恵がつく

化学の世界は面白いな、と思います。この前、妻の亡父の蓼科《たてしな》にある山荘に行きました。コロナ禍《か》で行けなかったので、3年ぶりです。虫がいっぱいいるし、さすがに汚れていました。ちょっと酒を飲もうとなったけれど、テーブルが汚れていて、一部が黒ずんでいます。

家族同士で、「これ、どうしたらいい？」といっています。義弟は文系なんですが、「いや、そこはいくら拭《ふ》いても取れないよ。木の木目が出ているのかな」といっています。僕は汚れをちょっと見て、「いや、これは取れるんじゃないか」といいました。

何かないかなと思って、すぐ思いついたのが、サラダオイル、油です。そのときの汚れはおそらくインクや塗料といった有機物で難溶性（水に溶けない）のものだから、油性のものを持ってくれば、取れそうです。さらに探すと、コロナウイルス用の消毒スプレーで、アルコール度数70%というものもあった。

このどちらかで大丈夫だろうと思って、やってみたら消毒スプレーですぐに取れました。じつに簡単です。あっという間にきれいになって、みんなびっくりしている。家族みんなが集まって、「え、信じられない。なんでわかったの?」といいます。僕は「化け学だからだよ」と答えました。

そういう化学者のセンスというのは、家の中でけっこう使えるのです。

汚れは大きく有機系と無機系、さらに水溶性(水に溶ける)か難溶性か、に分かれます。今回のように有機系で難溶性の汚れだったら油性のサラダオイルでやってみようとか、サラダオイルを使った後はベタベタと油分が残るから、今度はアルコールで拭けばいい。アルコールはウイスキーなどのお酒でも効果ありです。無機系にはお酢や重曹《じゅうそう》などが効きます。化学がわかると、洗剤をあれこれ何種類も買わなくても、こんなふうに家の中にあるもので役立てられる。生活の知恵が出てくるのです。

建築がやりたいとかいっていましたが、いまとなっては化学でよかったなと思います。

## 薬局で見るところ

化学をやっていくと、生活の役に立つのです。たとえば薬局でサプリメントを買いたい、化粧品を買いたいとします。あるいは、食品を買いたいというときに、パッと成分表を見れば、何がどういう目的で入っているかがわかるのです。

「あれ？　ビタミンCがこの量入っている。これはビタミンとしてでなく、酸化防止のためだな。ほかに一般の添加物も入っている。そのわりには値段が高いな」とか、「保湿剤が少ない」とか、「これはステロイド系の薬剤が入っているな」とか。あるいは、入浴剤の中身の質を見てみたりとか。

化学の目で見るとこんなふうにいろいろ見えてくるし、生活の安全という点でも非常に役立つことが多いのです。

化学は、食品にも、医薬にもつながります。だから、化学は生活の常識をサポートする分野だと思います。学生にも、「ちょっと敷居が高いかもしれないし、やりにくいと感じるかもしれないけど、化学をやっておいたら役に立つよ」といっています。

## 6　身近な疑問から入るのが大切

### 新幹線料金の電気代

大学で講義をやったり社会人を集めたセミナーをやったりするときは、いかに参加者に楽しんでもらえるかを工夫します。よく居眠りする学生がいるので、そういう学生が居眠りしないように、いろんな話題を用意しています。クイズ問題を出したりもする。

みんなが気づいていないことを気づかせるのが目的です。

「電気代がいかに安いか。だからこそ大量に使っている」――そういう事実を、クイズを通して説明したりします。

よく出すのは新幹線の問題です。これは東大の集中講義でも使うし、社会人講座でもいうものです。

東京から京都まで、新幹線代は1万4000円近くかかります。その中には、列車の価格はもちろん、線路の補修費とか、駅員の給料とかがいろいろと入っています。もちろん電気代も入っているわけです。そこでこう質問します。

「東京から京都まで、新幹線が250キロで飛ばすと1人あたり電気代はいくらかかるでしょうか。あなたの買った1万4000円近くの中にいくら入っているでしょうか」

計算できないから、みんな勘で答えます。さあ、いくらでしょうか。

答えは200円足らずです。高くなったとしてもせいぜい200~300円。

そこから、エネルギーの話をしていきます。昔、江戸時代には飛脚《ひきゃく》が走っていて、江戸から京都まで約490キロをわずか3~4日で走ったそうです。歩くと2週間ほどかかる距離ですから、すごいことです。1人10キロくらいの駅伝で走るわけです。

だけど、考えてみたら、人間50人で走れば、飯代だけで、たぶんエネルギーを合計3万キロカロリーくらい消費します。そのキロカロリーを電気代に換算すると、200円では済まないでしょう。電気代は、なぜこんなに安いのか。

新幹線は、1000人以上を乗せて、風圧に耐える大きなエネルギーは消費するけど、あとはけっこう慣性で走っているわけです。だから、1人あたりにすると200円になる。本当に電気代は安いのです。

この話をうちの学生にしたら、質問がきました。

「では、リニアモーターカーはどうなるんですか」

それきた、反応があったと思ってうれしくなります。

電気代は安い。安いからみんなでガンガン使って、4人家族だと電気代が月1万5000円とかになってしまう。こういう話をすると、眠っていた学生が起きはじめます。

電気代は、いかに安いか。でも使うな。

この両方から話をします。

次に、教室に80人の学生がいて、この80人がパソコンを持っているとします。そこでこういいます。「では、みなさん、YouTubeを見るなり、ゲームするなり、好きなことを1時間やってください」と。その後で、80人全員に聞きます。

「みなさん、80人分の電気代を集めます。80人分でいくらですか」

やっぱり1時間100円なんです。1キロワット時で25~30円ですから。

電気代は安い。だからこそ、結局はふんだんに使ってしまうわけです。

そこで次の質問をします。

「家庭でどんどん電気を使って、電気を使うたびに火力発電所の化石燃料が燃えています。

あなた1人で1カ月、どのぐらいの重さの炭酸ガスを出していますか」

これを計算してもらいます。そうすると、だいたい自分の体重分の重さだという答えが出る。1カ月で自分の体重分の何十キロという炭酸ガスが出ているわけです。家族4人いれば、その4倍の炭酸ガスが出ている。

ここでまた、新幹線の話に戻ります。新幹線ならば乗客1人あたりが排出する炭酸ガスは、飛行機より、もちろん自家用車より、圧倒的に少ない、エコなのだ。

そして、あなたは何もしていないと思うだろうが、スマホの充電などで家庭の電力を使うということは、イコール、火力発電所の化石燃料から炭酸ガスが出ていることなのだ、と。

そういうことを、目を覚ました学生にチクリチクリといっていくと、なんとなくエネルギーに対する考え方が変わってきます。

お仕着せやかけ声だけのエネルギー問題意識でなく、個人の考えや価値観ができてくる。僕は、それをやっぱりわかってほしいのです。

## 太陽電池に置き換わるために

消費ではなくて、エネルギーをつくるということはどうか。太陽光でエネルギーをつくるといっても、非常に厳しい課題があります。「ものづくり」は安くなければなりません。

たとえば、家の電気代金は1キロワット時で25〜30円（小売価格）です。

その原価としていちばん安いのは、火力発電ですが、主流だった石炭火力発電は年々コストが上がっていて、1キロワット時12〜20円で推移。水力は自然エネルギーなのに火力より少し高い、ダム建設に金がかかるからです。太陽光は、高効率化とパネルの量産効果によって安くなってきて12円台まできている。

しかし、火力発電より十分に安くならなければ、太陽電池に置き換わりません。経済産業省のNEDOの目標は7円です。いまは、石炭は悪者だからとにかく火力発電の比率を抑えようとしており、太陽電池も、石炭より安いコストを達成したい。これがなかなか難しいのです。

それならどうすればいいのか。石炭火力発電にまさるには、20年間使える太陽電池パネルの小売価格を1平方メートルあたりいくらにして、何パーセントの効率が必要か。これを、学生のレポートに書かせます。太陽電池は1キロワット発電のパネルなら、年間でおよそ1000キロワット時の発電をします。

答えは、たとえば1平方メートル2万円、効率18％ならばコストは約6円。

レポートを出すだけじゃなくて、「そこでわかった自分の知識をもって、人の講演を聞きに行きなさい。そうすると、あの人の講演でいっていることは、ここがおかしいとか、ここは合っているとかわかる。だから、面白いよ」と話します。

とにかく省エネも、続けることが肝心《かんじん》です。現状のままだと絶対にムダが多いと思います。うちの息子の部屋も、人がいないのに照明が点《つ》いたまま。対策としてはいるときだけ点くように、センサをつければいいわけですが、機械に任せる癖をつけたくありません。エネルギーの大切さを本当にわかるようになれば、自分で消すはずです。

商業施設や駅などの照明も多すぎるし、ドリンクの自販機も多すぎる。コンビニの数も多すぎます。みなさん慣れてしまって、これが当たり前だと思っているようですが、僕は当たり前だとは思いません。では、どう考えたらいいのか。

## ペロブスカイトの発電と省エネでエネルギー自給率100％へ

これからの世の中の問題は、日本がいかに石炭とか天然ガス、石油の輸入に頼らずに、全部自力で、国内でエネルギーをつくるかです。

いま、日本はエネルギー依存率が87％ぐらい。自給自足率は12～13％です。戦争とかが起きると、タンカーが止まり、供給が止まってしまう。これは、大変なことです。たった十何パーセントしか国内でまかなえない。

「これを100%にできると思いますか」というインタビューを受けたとき、僕は「それはできるでしょう」と話しました。

まずは省エネです。「これから、省エネすることに期待する」といいました。いまは、自販機が400万台以上もあります。自販機だけ集めても原子力発電1ヵ所の発電量の半分ぐらいのエネルギーを使っているのです。

僕は、この歳《とし》だから、エレベーターもエスカレーターもあるほうが快適なんですが、とはいえ、あまりにも設置数が多いと思う。それに、エスカレーターは人がいなくても動いています。ここでは人が来たら動くようにするとか、いくらでも対策は出てくると思うのです。

それから、コンビニです。コンビニも多すぎると思う。高齢の方がどうしても必要なときには、電話一本で届けてくれる対応をスーパーなどの店がとればいいわけです。若者には、あんなにたくさんいらないでしょう。

家庭やオフィス、ビル内の電力もそうで、つけっぱなしの明かりも多い。人がいなくなったら消えるようにする。それにはセンサです。センサはペロブスカイトならば屋内の蛍光灯などの光発電で十分に動かすことができます。屋外・屋内の光発電の電力をまた明かりに回す。そういうことをいたるところでやれば、エネルギー消費量は減っていきます。

もう一方で、エネルギー生産を増やしていく。水素エネルギーとか、風力とか、地熱発電などの再生可能エネルギーの開発です。日本は火山の国だから地熱発電が有利ですが、ドイツなどはもうやっています。家庭用の地熱供給システムが整備され、50万円ぐらい払えば、自宅で地熱発電の電力が使える。それでなんと冷房もまかなっている。日本でも、やろうと思えばできるのです。

もちろん、そこでペロブスカイト太陽電池が果たす役割は大きくなるでしょう。エネルギーの生産と省エネ、その両面でペロブスカイト太陽電池は活躍できます。

日本が鎖国状態になっても、あるいは海外に依存しなくてもやっていけるために、そのときに微力でも、各家庭にペロブスカイトがあればかなり心強いです。冷蔵庫と同じ考え方です。一家に1台、そういうときが必ずくる。

各家庭に、各市町村に、インフラにペロブスカイト太陽電池を設置していく。街全体を分散型発電所にすれば、エネルギー自給率100％も夢ではないのです。

# あとがき

脱炭素社会に向けて社会や経済が動き出したなか、わが国発のペロブスカイト太陽電池が発明された背景で、何があったかを知っていただこうと、さくら舎からこの本の執筆プロジェクトを提案されました。自らの生き方を公開するのは恥ずかしく、躊躇《ちゅうちょ》はしましたが、編集長の古屋信吾氏と松浦早苗さんが私の談話を聞き取り、草案を作成し、その内容を私がまとめたのがこの本です。

技術を語ることはもちろんですが、この本では私の歩んできた真っ直ぐでなかった道を伝えることで、同じような立場にいて将来を考えている読者に元気が出る機会を創出したいとも考えました。

読者の多くは私と似たような曲がり道の人生を経験している、あるいは歩んでいるにちがいありません。迷路に立っていても、そこには予期しないチャンスがめぐってくることがあり、そのきっかけをつくるのが、本書で紹介したようなさまざまな人との出会いと交流です。私は化学を専門にしますが、思うに、人との交流にも、化学的、物理的な進め方があるのではないでしょうか。

化学的というのは、その場の雰囲気で人のふれあいや交流が自然に作られる（自己組織化する）一方、物理的なのはある程度その場を自分が仕切って方向づけすることですが、私自身は、自己組織化を楽しんでいます。交流のきっかけをつくり、話題を提案したら、あとはなりゆきを見守ります。

私のように記憶力の悪い者は、そこに誰がいて何を話していたか、しっかり記憶していないことが多いのですが、相手が覚えていてくれれば、しまいには人のつながりを経て反応が帰ってくる。その反応が、予想もつかないペロブスカイト太陽電池の発明につながりました。

さらに、発明に続いて、ペロブスカイト材料がまったく予想外の優秀な性能を持つことがわかったのは、化学と物理の分野の壁を超えた、研究交流の結果です。自分の興味や分野を超えた横断的な交流は、新しい発見、そして新しい生き方の指針にもつながることでしょう。

ペロブスカイトとか光発電は、とっつきにくい技術に聞こえるでしょうが、この本を読まれた方はおわかりのように、光から電気を作るしくみは意外と単純です。また、光の持つ特徴が何かを知ると、光が日常生活のなかでいろいろな面白いことにつながり想像を豊かにすることもわかると思います。

サイエンスのなかでも、光は、それ自体、技術交流の主役です。だから私がこれほど興味を持ったのだなということをこの本を書いていて改めて感じました。

この本のひとつのねらいは、科学になじみがなかった人でも、科学をわかった気分になって楽しんでいただけるようなものにすることです。

第2章の「知識ゼロでもわかるペロブスカイト太陽電池」という思いきったタイトルはさくら舎からの提案で、理系以外の人も図を見てしくみがわかる内容になっています。この章、実はところどころにけっこう専門的な、教科書にも出てこない知識をちりばめてあります。たとえば、ペロブスカイトがなぜシリコン太陽電池より弱い光の利用にすぐれるかを解説した部分がそうです。

こういった内容や、ほかの章のところどころにも出てくる光の話を知っていれば、読者は太陽電池や光科学の専門家とも話せる入り口まで来られることは間違いありません。この本で知ったことをネタにして、お茶を飲みながら、酒をくみ交わしながらでも、サイエンスを身近に楽しく語れるようになることを期待しています。

最後に、色素増感太陽電池からペロブスカイトの発見まで、私の研究展開を導いてくれたなかには、本書に登場した方々だけでなく、桐蔭横浜大学工学研究科の大学院生のみなさん、そして共同研究でお世話になった多くの先生方、企業の研究者がおられます。心から感謝します。

## 著者略歴

### 宮坂 力（みやさか・つとむ）

1953年、神奈川県に生まれる。1976年、早稲田大学理工学部応用化学科卒業。1981年、東京大学大学院工学系研究科合成化学博士課程を修了（工学博士）、富士写真フイルム株式会社入社。足柄研究所主任研究員を経て、2001年より桐蔭横浜大学大学院工学研究科教授。

2005〜2010年、東京大学大学院総合文化研究科客員教授。2004年、ペクセル・テクノロジーズ株式会社を設立、代表取締役。2017年より桐蔭横浜大学特任教授、ならびに東京大学先端科学技術研究センター・フェロー。2020〜2023年、早稲田大学先進理工学研究科客員教授。

専門は光電気化学、有機系の光電変換技術、とくにペロブスカイト太陽電池の開発。主な受賞には、クラリベイト・アナリティクス引用栄誉賞、加藤記念賞、市村学術賞功績賞、山崎貞一賞、英国RANK賞などがある。

2009年にペロブスカイト太陽電池の論文を発表。現在はペロブスカイトの化学組成を改良して効率22%以上の太陽電池を開発している。軽量でフレキシブルなプラスチックフィルム型に作ることができ、太陽光のみならず屋内の照明にも高い効率でエネルギー変換をするペロブスカイト太陽電池は、次世代太陽電池の本命とされ、ノーベル化学賞受賞の有力候補といわれている。

大発見《だいはっけん》の舞台裏《ぶたいうら》で！
――ペロブスカイト太陽電池《たいようでんち》誕生《たんじょう》秘話《ひわ》

二〇二三年一月九日　第一刷発行

著者　宮坂《みやさか》力《つとむ》
発行者　古屋信吾
発行所　株式会社さくら舎　http://www.sakurasha.com
東京都千代田区富士見一-二-一一　〒一〇二-〇〇七一
電話　営業　〇三-五二一一-六五三三　FAX　〇三-五二一一-六四八一
編集　〇三-五二一一-六四八〇　振替　〇〇一九〇-八-四〇二〇六〇

装丁　石間　淳
カバー写真　高山浩数
本文図版　森崎達也（株式会社ウエイド）
本文DTP　土屋裕子（株式会社ウエイド）
印刷・製本　中央精版印刷株式会社


ISBN978-4-86581-372-2